Franz Kreuzer
Nobelpreis für den Lieben Gott

FRANZ KREUZER

Nobelpreis für den Lieben Gott

Chancen und Grenzen der Bionik
Wunder und Rätsel der Evolution
Offene und versperrte Tore der Erkenntnis

Zur Weltausstellung 2005 in Nagoya (Japan)
„The wisdom of nature"

Bildnachweis: Jean Effel, aus „Heitere Schöpfungsgeschichte für fröhliche Erdenbürger"/© VBK, Wien, 2004: S. 20, 30, 48, 74, 86, 102, 114, 124, 140.
Bernd Lötsch/Naturhistorisches Museum Wien: S. 60, 61.
Peter Pleyel: S. 107.

ISBN 3-218-00736-4
Schutzumschlag: Media & Grafik, Wien
Lektorat: Barbara Köszegi
Typografische Gestaltung, Satz: typic®/wolf, Wien
Druck und Bindung: GGP Media GmbH, Pößneck

Inhalt

Dieses Buch fußt auf jahrzehntealten wissenschaftsjournalistischen Beziehungen. Der unmittelbare Anstoß war ein Mehrfach-Event in der ambitionierten steirischen Stadt Hartberg: Ein erfolgreicher Arbeitsabschnitt des „Öko-Zentrums", die Eröffnung des Maxoom-Kinos auf dem Gelände und die Präsentation der aus Italien importierten Ausstellung über die Erfindungen des großen Leonardo da Vinci, was auch in Hinblick auf die Expo 05, die Weltausstellung im japanischen Nagoya unter der Devise „The wisdom of nature", von Bedeutung ist. Künstlerisch wurde die Mehrfach-Aktion durch eine Arik-Brauer-Ausstellung bereichert.

Dazu kam die Idee, ein Symposion abzuhalten – die Basis unseres Buches. An die 500 naturnahe Mittelschüler nahmen in guter Kooperation mit dem Landesschulrats-Präsidenten der Steiermark an dem Event teil. Einige Gespräche wurden nachgetragen.

Quellen der Entwicklung:
Zufall – Unfall oder Einfall?

von Franz Kreuzer

Bionik – das bedeutet ein großartiges Programm der Welt-sicht und der Welt-Bewältigung. Warum weiß das noch nicht jeder? Warum ist das noch immer nicht der futurologische Super-Hit?

Erster Grund: Die Bionik (ein Wortgeflecht von Biologie und Technik) hat ihre Super-Hit-Funktion bereits erfüllt, sie ist bereits eine Selbstverständlichkeit, die man weder er-klären noch propagieren muss: Nicht alle, aber fast alle Zu-kunftsentwicklungen der modernen Technik beruhren die bionischen Bereiche oder sind in sie zur Gänze einbezogen. Bionik ist ein Alltäglichkeitswort geworden wie „ökosoziale Marktwirtschaft". Keiner ist dagegen, jeder ist dafür, keiner versteht eigentlich, worum es geht, aber jeder glaubt ohne-dies zu wissen, was es bedeutet.

Zweiter Grund: Wortbildungen, die mit „Bio" beginnen, sind vom Zeitgeist beschlagnahmt, hoch aufgewertet und somit entwertet. Was mit „Bio" beginnt, erinnert an das Sonntags-Frühstücksei von glücklichen Wiesen-Hühnern oder an verschrumpelte, aber völlig chemiefrei produzierte Strudel-Äpfel. „Bio" – das ist Wellness, ein bisschen Esoterik und mitunter auch ein bisschen Mode-Religion für Lieschen Müller.

Dritter Grund: Trotz aller Selbstverständlichkeit der neuen Beziehung zwischen Leben und Technik empfinden wir (in

Analogie zur Philosophie, die mittelalterlich als „Magd" der Theologie zu sehen ist) die durchschaute Natur noch immer als „Magd" der Zivilisation – als neuerdings hochgeschätzte, sogar überschätzte Magd. Daher vermögen wir auch zwischen Bio-Technik (Versklavung der Biologie im Dienst der Technik, also des Lebendigen im Dienst der Produktion) und Bionik (sanfter Einsicht in die dominante Weisheit der Natur als Hilfe für die irrelaufende Industrialisierung) kaum zu unterscheiden.

Vielleicht hat das alles mit der Erfindung des Rades zu tun. Die Natur hat das Rad nur einmal probiert – als raffinierte Nabenkonstruktion in der Einzeller-Membran, in der sich die „Schiffsschraube" des Geißeltierchens im Rekordtempo dreht. Wir haben mit unserem von der Natur erfundenen Hirn das eigentliche Rad „erfunden" – und damit alle Räder- und Uhrwerke, in denen sich die Technik manifestiert. Um es mit Karl Popper zu sagen: Wir glauben, dass alle Wolken letztlich Uhren sind, wenn wir in sie hineinschauen. Tatsächlich sind aber alle Uhren Wolken, wenn man ihre fundamentale quantenphysikalische Unbestimmtheit, also ihre chaotische Grundausstattung für die „soft-logic" – die Entwicklung der hohen Lebensordnung – berücksichtigt.

Die scheinbar tagesaktuelle Beschäftigung mit der Ehe zwischen Natur und Technik führt uns zu den Grundfragen der Naturphilosophie, die – vielleicht nicht zufällig – von Welt-Wissenschaftlern aus dem alten großösterreichischen Geistesraum bestimmt worden sind.

Zum Titel des Buches: Der Liebe Gott, den wir zitieren, ist natürlich nicht der Gott des naiven Katechismus mit weißem Bart, schon gar nicht der Gott der Kreativisten-Sekten im amerikanischen Mittelwesten. Es ist der „Liebe Gott", dem man die Anführungsstriche nicht ersparen kann, der aber auch den härtestgesottenen Laizisten und den Angehörigen aller Bildungsstufen täglich auf der Zunge liegt, wenn sie „Grüß Gott!" sagen oder „Mein Gott!", „Um Gottes Willen!" oder „Gott sei Dank".

Im Bereich der Wissenschaft, in unserem besonderen Fall im Gedankenfeld der Evolutionstheorie, hat dieser Gott für religiöse Wissenschaftler, die es ja auch gibt, die volle Glaubensbedeutung, auch wenn die Bibel nicht nach dem Wortlaut, sondern nach ihrer metaphorischen Deutung bewertet wird. Im Allgemeinen gilt aber wohl, was der verdienstvolle, leider verstorbene Wiener Quantenphysiker Roman Sexl gesagt hat: „Gott ist nicht der Fremdarbeiter in seiner eigenen Schöpfung", also nicht der dienstbare Gott, den wir anrufen, wenn wir mit unserem wissenschaftlichen Latein am Ende sind. Wohl aber kommen die Wissenschaftler um den metaphorischen Gott nicht herum (Albert Einstein: „Gott würfelt nicht."). Man spricht, wenn es um letzte oder undurchschaubare Zusammenhänge geht, von einem abstrakten Impuls: Die Natur ist „spontan", „emergent", „kreativ", also schöpferisch, und vor allem „fantasievoll". Von „Entelechie" ist die Rede, vom „Elan vital". Das Geheimnis, das sich hinter diesen Hilfs-Worten verbirgt, ist Gegenstand dieses Buches.

Woran uns liegt, ist auch eine aktuelle Übersicht über die Antwort-Möglichkeiten auf die „letzten Fragen", die zweifellos unbeantwortet sind – oder die Möglichkeiten des Verzichts auf das Fragen und Antworten. Dabei fallen einige herausstechende Themenkreise auf, die in Gesprächen mit hochrangigen Wissenschaftlern erörtert werden sollen.

Einleuchtend ist eine theoretische Grundlage aller dieser Themen: Es geht vorerst um den zweiten Hauptsatz der Thermodynamik, der für alle physikalischen Prozesse die zwingende Zunahme an Unordnung, an Entropie, festlegt: Niemals wird in einer Badewanne das Wasser auf einer Seite kochen und auf der anderen einfrieren; wenn man ein Glas fallen lässt, werden Scherben daraus. (Der erste Hauptsatz postuliert die Erhaltung der Energie insgesamt, der dritte Hauptsatz stellt fest, dass der absolute Entropiezustand nicht erreichbar ist.) Die mathematische Ausformulierung des Entropiegesetzes ist das Werk des großen österreichischen Physikers Ludwig Boltzmann (Entropie ist gleich k, die

Boltzmann'sche Konstante, mal log W, also dem Logarithmus der Wahrscheinlichkeit). In die Umgangssprache rückübersetzt heißt das: Unordnung ist wahrscheinlich, Ordnung ist unwahrscheinlich. Der einschlägig befugte Nobelpreisträger Ilja Prigogine hat Boltzmann als den größten Wissenschaftler des 19. Jahrhunderts bezeichnet – was heutige Autoren des Faches, die Boltzmann nur selten erwähnen, offenbar nicht überzeugt hat.

Ein Naturgesetz ohne Widerspruch? Der große Physiker Maxwell hat spielerisch, nicht ernst gemeint, sondern wissenschaftspädagogisch, als Bestärkung der Entropietheorie den „Maxwell'schen Dämon" erfunden, der zwischen zwei sich mischenden Substanzen die Atome gegen den zweiten Hauptsatz umarrangiert; sein großer Zeitgenosse Loschmidt hat aus ähnlichen Motiven eine ähnliche Provokationsfigur postuliert, den „Loschmidt'schen Dämon", der die Zeit umdreht (Entropie und Zeit haben miteinander zu tun und wurden auch als identisch definiert).

Es war wieder ein genialer Österreicher, der Nobelpreisträger Erwin Schrödinger, der außerhalb seines Faches diesen Dämonen Geist eingehaucht hat. In seinem nach dem Zweiten Weltkrieg veröffentlichten Büchlein „Was ist Leben?" hat er die gültige Antwort gegeben: Leben ist „negative Entropie" – aber nicht als Widerlegung der Boltzmann'schen Formel, die Schrödinger mathematisch umgedreht hat, sondern als raffinierte Bestätigung: Leben tut zwar scheinbar, was den Dämonen zugeschrieben wurde, aber nicht auf Kosten des zweiten Hauptsatzes. Leben widerlegt nicht, sondern überlistet das Entropiegesetz: Leben bewirkt starke negentropische Vorgänge (die dann sogar „lawinenbildend", „snowballing" sind), indem es dem übergeordneten, abgegrenzten System Wärme entzieht. Die Gesamt-Entropie bleibt gleich – so wie ein reißender Gebirgsbach an seinen Rändern Gegenwirbel verursacht, die ein Kajak „bergauf" treiben lassen, ohne den Abwärts-Willen des Baches zu beeinflussen; es gibt keine aufwärts strömenden Wasserfälle.

Auch diese österreichische Geistesleistung, die die ganze Evolution von Grund auf erklärt, wird wenig anerkannt. Schrödingers Syntropie-Formel gilt natürlich nicht nur auf unserem Planeten, wo Goethe die Neg-Entropie als „Erdgeist" beschworen hat, sondern wohl auch als Chance auf unzähligen Trabanten der Myriaden Sonnen des unermesslichen Kosmos, vielleicht steckt sogar ein kosmisches Prinzip dahinter.

Das führt zur Frage nach dem eigentlichen Mechanismus der Evolution, nach dem Zusammenwirken der formverändernden und formbewahrenden Einrichtungen der Lebewesen, nach „Zufall und Notwendigkeit", wie es der Nobelpreisträger und Bestsellerautor Jacques Monod Anfang der Siebzigerjahre genannt hat. Monod spricht mit seinem aus der Antike übernommenen Slogan die zwei Stufen der Darwin'schen Theorie an: den alten Darwinismus, der die Selektion, die Auslese des Tüchtigeren, als Gesetz erkannt hat, und den Neo-Darwinismus mit der Einsicht, dass erworbene Eigenschaften nicht vererbt werden können, dass also Erfahrungs-Information des Phänotyps nicht in den Genotyp zurückwirken kann. Das hat ihn zu dem Schluss geführt, dass Mutationen, also eigentlich Irrtümer, Querschläger, Webfehler, „Unfälle" der Motor der Entwicklung sein müssen: Der Zufall macht die Notwendigkeit fruchtbar. *Wir irren uns empor.*

Im Grunde sind beide Thesen der Darwin'schen Evolutionssicht anerkannt. Bis auf einen kleinen, aber fundamentalen Unterschied: Die harten, mechanistischen (auch reduktionistischen) Neo-Darwinisten lassen nur den absoluten Zufall, den „blinden" Zufall gelten. Andere Bewunderer (auch Holisten) stehen staunend vor dem Rätsel und fragen: Kann es nicht einen „sehenden" Zufall geben? Noch einfacher: Könnte jeder Zufall der Evolution nicht nur ein *Unfall*, sondern auch ein *Einfall* sein? Da sind wir aber wieder beim „Lieben Gott" und den vielen anderen Wörtern, mit denen wir den großen Ur-Erfinder substituieren können. Wir stehen mit einem Fuß im Transzendentalen, in der Metaphysik, also jenseits des Imperiums der Wissenschaft und ihres Objektivitätspostulats. Wenn der Zufall spontan sein kann, woher rührt sein Spontaneität? Wenn im Zufall ein Einfall steckt – wem ist er eingefallen? Diese Fragen sind nicht das Ende des Forschens und Diskutierens, sie sind der Anfang eines Diskurses.

Die Erfindung des Erfindens
von Reinhard Fink

Ein Rektor der Wiener Technischen Universität hat auf die Frage nach seiner Einstellung zur Bionik eine interessante Antwort gegeben: „Ich halte die Bionik für äußerst wichtig und interessant; ich glaube nur: Wer ein guter Bioniker werden will, der sollte zuerst Technik und erst dann Biologie studieren."

Nun, ich bin beinahe ein Mensch, wie ihn sich der Herr Rektor vorgestellt hat: Ich habe Technik studiert und habe mir – allerdings autodidaktisch – nachher die dazupassende Biologie angeeignet. So habe ich mir ein Bild über den Zusammenhang der beiden Bereiche erarbeitet und ich sage: Die Bedeutung des Begriffes „Bionik" (Biologie und Technik) ist für mich sehr einfach: Alles, wirklich alles, was durch die menschliche Technik jemals realisiert wurde, hat seine Wurzeln und sein Vorbild in der Natur, funktioniert allerdings dort in der Regel um vieles effizienter.

Ich greife einige Basis-Beispiele heraus, die, wie ich erwarte, in unserem großen Symposium vor fünfhundert interessierten Obermittelschülern der Steiermark, eventuell auch in ebenso wertvollen nachträglichen Veranstaltungen im Hartberger Öko-Park-Miliou, die Franz Kreuzer in Gesprächen vorwegnimmt, näher ausgeführt und ausdiskutiert werden.

Was hat die Pflanze, die hier vor mir steht, mit Bionik zu tun? (Außer dass sie dekorativ ist und, wie in der Natur üb-

13

lich, eine gewisse „Grundschönheit" aufweist.) Diese Pflanze arbeitet nach einem äußerst effektiven Energieumwandlungssystem – der Fotosynthese –, diese ist biologisch zwar erklärbar, in der technischen Umsetzung bisher jedoch unerreicht. Und obwohl wir unser aller Dasein dem Zusammenspiel von Sonnenlicht und Grün, eben der Fotosynthese verdanken, fragt sich offenbar niemand, warum wir noch immer auf mehr oder weniger primitive Art fossile Brennstoffe verbrennen. Die Sonne strahlt in zwei Monaten so viel Energie auf die Erde, wie es dem Brennwert aller Ölvorräte entspricht. Demnach wäre die Solarnutzung durch biologische Systeme das Gebot der Stunde.

Ein anderes Beispiel sind die verschiedenen Fortbewegungsmethoden. Das Universalgenie Leonardo da Vinci hat sich geniale Gedanken über den uralten Menschheitstraum vom Fliegen gemacht. Leonardo ist für mich der erste Bioniker – auf den Spuren des mythischen Menschenflug-Pioniers Dädalus und der Tragödie seines geliebten Sohnes Ikarus und in Vorwegnahme des tragischen Dilettanten-Versuches des „Schneiders von Ulm", der mit angeklebten Federn an den Armen vom Rathausturm gesprungen und zerschellt ist. Leonardo hat vor fünf Jahrhunderten die Grundprinzipien des menschlichen Vogelfluges ersonnen und gezeichnet. Lilienthal und Etrich haben vier Jahrhunderte später die Prinzipien des Gleitfluges real verwertet. Ihr Vorbild war unter anderem der dem Wind anvertraute Samen einer Kürbispflanze, der Zanonia. Die Leistungen aller Vögel, ein Extremfall ist der Atlantik-überquerende Albatros, aber auch die vielfältigen Flug- und Gleittechniken der Insekten, sind verblüffend. Auch die Flugleistungen der Luft-beherrschenden Dinosaurier oder die uns allen vertrauten Hautflügelleistungen der Fledermäuse sowie die erstaunlichen Gleitleistungen der tierischen Regenwaldbewohner, die von Ast zu Ast, von Baum zu Baum „fliegen", verdienen unsere Bewunderung.

Das scheinbar energiefreie Tummeln der Fische und der anderen Meerestiere im Wasser oder die Leistung der über Wasserfälle aufwärtsspringenden Lachse belehren jeglichen Schiffsbau.

An Land glauben wir mit der Erfindung des Rades die Natur übertroffen zu haben. Doch Äffchen, die mit vier Extremitäten von Steilwand zu Steilwand springen, Gämsen, die auf extremen Klettersteigen dahinlaufen, als seien es Spazierwege, sechs- oder vielfüßige Insekten, die wir als Laufmeister bewundern, lassen uns fragen: War das Rad eine kollektive Fehlentwicklung?

Wir beobachten mit ehrfürchtigem Staunen die tierischen und pflanzlichen Oberflächengestaltungen: Haifischhaut, die durch ihre raffinierte Aufrauung jede technische Glätte übertrifft, Pelze und Gefieder, die unsere Kleidungsleistungen bei weitem übertreffen, Lotosblätter, die sich selber reinigen etc. Natur-Materialien wie etwa das Spinnennetz lehren uns die Kraft der bionischen Einrichtungen.

Was aber in unserer jungen Informationswelt besonders beeindruckt: Die Natur lehrt uns, dass man kleinste „Maschinen" anders bauen muss, nämlich mittels Molekülen, Proteinen oder Quanten. Das Stichwort heißt Nanotechnologie. Zur Verdeutlichung der Größenordnung, von der bei dieser Technologie die Rede ist: Die DNA, die ererbte Keimbahn aller Menschen, würde in einen einzigen Teelöffel passen und weniger als 1,2 g wiegen. Warum also sollten nicht „Nano-Automaten" durch das Adernsystem wandern und Krankheitserreger bekämpfen? Auch DNA-Computer mit unvorstellbaren Rechnerleistungen wären denkbar. Dabei stellt sich die Frage: „Was passiert, wenn Computer denken lernen?" Nanotechnologie ist die spezialisierteste Ausdrucksform der Bionik.

Ich habe das überwältigend illustrierte Buch „Bionik" von Werner Nachtigall gründlich gelesen und darin eine Vielzahl von Thesen entdeckt, die nicht die Schlauheit der Naturerfindungen, sondern die Weisheit der Natur betreffen. Sie alle mögen nicht unmittelbar anwendbar sein, zeigen aber die Tiefe der Analyse, die uns der Nestor unserer neuen Querschnitts-Wissenschaft auf den Weg gibt.

— Die Natur ist schön – eine „Hundertwasserwelt", wenn man in dem genialen Maler nicht nur einen „Beschöner", sondern einen Aufdecker der eigentlichen Schönheit sieht. Da gibt es Symmetrien, die von der Schönheit zur Weisheit führen (Hirnhemisphären). Alle Natur ist Musik.

— Die Natur sucht Einheit in der Vielfalt.

— Die Natur strebt nach Raumnutzung (Faltungen, Verpackungen) und nach Zeitnutzung: die Strategie der Schnecke – „Eile mit Weile"), die Strategie des Schlangenbisses („Wer zu spät kommt, den bestraft das Leben").

— Die Natur arbeitet integrierend, nicht additiv.

— Die Natur optimiert das Ganze, nicht nur seine Teile.

— Die Natur schafft Multifunktionalität, nicht Spezialisierung.

— Die Natur konzentriert sich auf Feinabstimmung, sie vermag unendlich genau zu differenzieren.

— Die Natur ist präzise – aber nicht durch Pedanterie, sondern durch Unschärfe.

— Die Natur ist sparsam und leicht, sie lässt aber auch das Verwesen als Tugend gegenüber grenzenloser Haltbarkeit erscheinen. Die Natur operiert mit Recycling: Nachhaltigkeit durch stete Erneuerung. Die Natur arbeitet zyklisch.

— Die Natur gründet auf das Kleinste, auf biologische Nano-Technik (molekulare Ebene). Auch das Größte (Wal, Tyrannosaurus, kalifornischer Baumriese) baut sich aus dem Kleinsten auf: Giga-Welt ist Nano-Welt.

— Die Natur erzeugt Symbiosen und evoluierende Kooperation.

— Die Natur sorgt für Rückkoppelungen, für innere Kontrolle, für Disziplin aus Harmonie.

— Die Natur arbeitet nach dem Versuchs-, Irrtums- und Zufallsprinzip. (Auch hier berührt die Bionik die Evolutionstheorie und die Naturphilosophie.)

Das ist die Hauptaufgabe und das Überthema unserer Arbeit: die vielen Chancen der Bionik weiter zu entdecken und anwendbar zu machen, also das „Patentamt der Natur" klug zu durchstöbern, aber auch die Grenzen dieses Abenteuers respektieren zu lernen, bei dem wir versuchen, die Natur nachzuahmen und damit einen tieferen Einblick in die tatsächlichen „Wunder" und in die echten Rätsel der Evolution zu gewinnen. Wir müssen uns letztlich fragen, welche Grundkonzepte der Entwicklung von Neuem zugrunde liegen, sowohl in unserem kleinen menschlichen Alltag wie auch im Universum oder in einem Über-Universum der Universen.

Wenn Franz Kreuzer den Nobelpreis für den „Lieben Gott" reklamiert, so ist klar, welche Leistung mit diesem Ultra-Preis zu prämieren wäre: *Der „Liebe Gott" hat das Erfinden erfunden.*

Prolog

In Lebensfluten, im Tatensturm
wall ich auf und ab,
webe hin und her!
Geburt und Grab,
ein ewiges Meer,
ein wechselnd Weben,
ein glühend Leben.
So schaff ich am sausenden Webstuhl der Zeit
und wirke der Gottheit lebendiges Kleid.

Johann Wolfgang von Goethe,
Faust I, Erdgeist-Szene

Zauberpinsel, Zauberflöte

Gespräch mit Arik Brauer

KREUZER: Lieber Arik, du hast im Herbst 2003 in durchaus beabsichtigter Parallele zur großen Leonardo-Ausstellung des Hartberger Öko-Parks in einer viel beachteten Ausstellung eine Auswahl deiner Bilder präsentiert. Über den Zusammenhang wollen wir nun einige Worte verlieren. Reinhard Fink hat die hochinteressanten Rekonstruktionen der Erfindungs-Zeichnungen Leonardos in den Öko-Park geholt, um den tiefen Zusammenhang zwischen Natur und Technik mit der Kunst als Bindeglied, den tieferen Sinn der Bionik, für ein großes Publikum zu erschließen. Du siehst dich also mit dem großen Leonardo da Vinci in Beziehung gebracht. Es stellt sich dabei die Frage: Was ist aus der Triebkraft der Renaissance, die ja Natur, auch Anatomie, mit Kunst und Technik als ein Ganzes betrachtet hat, nach einem halben Jahrtausend geworden?

BRAUER: Leonardo war zweifellos die repräsentative Person für die damalige Zeit; er hat sie in allen Aspekten verkörpert. Es ist ganz klar, dass es in unserer Zeit kaum möglich ist, die große Einheit, wie sie in der Renaissance gegeben war, in einer Person zu verwirklichen, also etwa nicht nur Maler und Architekt, sondern auch Anatom und Maschinenkonstrukteur zu sein. Was wir von Leonardo lernen können und was heute jeder von uns nachvollziehen kann, ist das Bemühen, die Natur zu beobachten und von der Natur zu lernen.

Kritisch gesagt: Es ist falsch, sich nur an dem zu orientieren, was die Nachbarn oder die Kollegen tun oder für wichtig halten oder was in den mit Steuergeldern finanzierten Großaktionen dargeboten wird. Aus den Kunstzeitschriften kann man wenig entnehmen und an der Akademie kann man ohnedies nichts lernen. Es gibt nur eine Quelle der Intuition – und das ist die Natur.

Das kann natürlich nicht heißen, dass man die Natur abkonterfeien soll oder kann. Das kann die Technik auch nicht ohne Weiteres. Es geht darum, die Natur zu begreifen, sich zu fragen: Wieso gefällt mir eigentlich der Herbstwald? Was steckt dahinter? Wir wissen, dass unsere Augen und die unserer Vorfahren in Beziehung zur Schönheit dieses Herbstwaldes entstanden sind. Daher macht es unser Leben schöner, wenn wir diesen Herbstwald betrachten. Es gibt in der Natur keine eindeutige Farbe. Der Wald hat alle Grün- und Braunschattierungen, die man sich nur vorstellen kann. Daher erleben wir auch einen Pelzmantel als schön – auch wenn wir dagegen sind, dass die armen Tiere umgebracht werden. Warum? Weil er so verschiedene Brauntöne in sich vereint.

Daher auch das Dilemma so vieler Architekten, die sich fragen: Wie male ich das Haus an? Alle einfachen Farben sind hässlich. Man braucht für eine schöne Fassade verschiedene Farbtöne, die einander tragen, wobei eigentlich auch verschiedene Materialien verwendet werden müssen.

KREUZER: Du und dein Freund Hundertwasser haben ja gezeigt, wie man das macht.

BRAUER: Die Architektur ist zweifellos die Mutter aller bildenden Künste und zieht alle bildenden Künstler an. Das war nicht nur in der Renaissance so, allerdings entstand damals diesbezüglich die höchste Perfektion. Das sieht man schon an den Zeichnungen des großen Leonardo und man lernt dabei, dass hier nicht nur Intuition im Spiel ist, sondern ein umfassendes Wissen von unbegreiflicher Leichtigkeit. Leonard wusste genau, was ein Dachziegel ist, und wenn er ein Tier malte, dann wusste er genau, wie sich jedes einzelne Haar verhält. Das konnte nur er, und vielleicht Egon Schiele.

KREUZER: Ich weiß nicht, wo ich es gelesen habe: Die Natur und Objekte echter Kunst befinden sich in einem Dialog, ja in einer Disputation. Sie reden miteinander.

BRAUER: Ja, aber man muss dieses Gespräch führen können. Man muss die Sprache der Natur verstehen und die Sprache der Kunst beherrschen.

KREUZER: Arik, wir haben von Leonardo zu dir, von der Renaissance zur Gegenwart einen kühnen Bogen geschlagen. Eine Frage, ohne die Absicht, eine Darlegung der gesamten Kunstgeschichte zu provozieren: Leonardo war ein Genie, aber er lebte und arbeitete in einem Ensemble ebenso glänzender Zeitgenossen. Lassen wir alle Größenvergleiche weg und betrachten wir die Kunstwelt, in der wir leben. Kann man sich vorstellen, wie die zahlreichen heutigen Kunstschulen in fünfhundert oder auch nur in hundert Jahren gewertet werden?

BRAUER: Mit dem Impressionismus und dem Kubismus wurde die Renaissance-Malerei überwunden, die sich über viele Jahrhunderte gehalten hatte. Diese Bedeutung wird die Wiener Schule niemals haben. Sie verdichtet, was es in der Kunst immer gegeben hat: das Herumfischen in Träumen, Vorstellungen von Übernatürlichem oder außer-natürlichen Wesen. Das hatten die Ägypter, die West-Afrikaner, die Mexikaner … das war immer transzendent aufgewertet. Das ist auch in der Wiener Schule oft der Fall.

Ich glaube, man wird in hundert Jahren anders auf das zwanzigste Jahrhundert blicken als heute. Man wird einen sukzessiven Niedergang in der bildenden Kunst sehen, die verdrängt und unwesentlich gemacht wurde von aktuelleren Künsten, Film, Video, Computer. Dann werden die Vertreter der Wiener Schule erkannt werden als jene, die die Malerei hinübergerettet haben. Das wird ihre historische Bedeutung sein. Aber ich halte das sowieso für den Krebsschaden in der Kunst, dass sie von Kunsthistorikern in -ismen eingeteilt wird. In Wirklichkeit müsste man nach der Qualität der Fantasie des Künstlers urteilen.

KREUZER: Wir haben schon festgestellt, dass die Querverbindung der Künste mit Natur und Technik, im Besonderen aber die innere Verflechtung der Künste, also des „Musenreigens", die Qualität einer Kunstrichtung oder eines Künstlers kennzeichnet. Das war auch in der Renaissance besonders ausgeprägt. Leonardo war ein guter Lautenspieler. Ich glaube, diese Qualität ist auch bei dir im Besonderen wiederzufinden. Du bist ja in der Öffentlichkeit als dichtender Sänger zumindest ebenso bekannt und beliebt wie als Maler. In deiner Biografie sticht besonders die Beziehung zu Wolfgang Amadeus Mozart hervor, vor allem durch die Gestaltung eines Mozart-Zyklus und des Bühnenbildes für die Pariser „Zauberflöte". Über diese Arbeit ist auch ein wunderschönes, reich illustriertes Buch erschienen. Der Textautor hebt hervor, was auch mich sehr beeindruckt, die gemeinsame Ausprägung der Fantasie als Quelle jeder Kreativität, jedes Schaffens. Du hast dich ja immer schon mit Mozart auseinander gesetzt, Mozart ist sogar zu einem Wegbegleiter deines Lebens geworden, ist in dem Buch zu lesen.

BRAUER: Ja, das hat schon in früher Kindheit eingesetzt. Als meine Schwester Mozart am Klavier malträtierte, begann ich die Melodien nachzusingen. Dabei fiel mir schon auf, dass diese Musik auf eine hypnotische Weise selbstverständlich klingt, so, als hätte es sie schon immer gegeben, seit die Welt besteht. Die „Zauberflöte", ihre Macht des Tones, ihre märchenhaften Zentralgestalten – vor allem Papageno und Papagena – haben mich begeistert.

In diesem Zusammenhang erinnere ich mich noch an eine missglückte Liebesgeschichte. Ich war Mitglied in einem Jugendchor. Anlässlich einer Festveranstaltung sollte als besonderes Schmankerl das Duett Papageno/Papagena aufgeführt werden. Es gab da eine sehr hübsche Sopranistin mit einer guten Stimme, aber einem schrecklichen Charakter. Ich war total verliebt in diese Person und wollte, um ihr näher zu kommen, unbedingt mit ihr dieses Duett singen. Dazu muss man wissen: Ich besitze eine Tenor-Stimme, aber Papageno ist eine Bariton-Partie. Ich redete der Sopranistin also ein, es sei besser, das ganze Duett um eine Terz hinaufzutransponieren, da ihr Sopran dann noch strahlender zur Geltung kommen würde. Wir probten emsig; sie schaffte die Spitzentöne quietschend, aber doch, war guter Dinge – und wir begannen Händchen zu halten und Küsschen auszutauschen. Leider war unsere gemeinsame musikalische Leistung nicht gut genug und so ging auch die zarte Episode zu Ende.

KREUZER: Du hast ja dann eine musikalisch verlässlichere Partnerin gefunden, nämlich deine Frau Neomi, und ihr habt euch jahrelang mit Singen einen Lebensunterhalt verdient. Von Leonardo ist nicht bekannt, dass er mit Lautenspielen Geld verdient hätte.

BRAUER: Die Künste gänzlich zu vermischen ist wohl deshalb unmöglich, weil sie doch an bestimmte angeborene Talente gebunden sind, die sicherlich genetisch über viele Generationen weitergegeben werden. Natürlich sind alle musischen Kombinationen denkbar und möglich. Dass ein Maler auch ein Talent als Bildhauer oder andererseits als

Fotograf entwickeln kann, ist ja leicht zu verstehen. Wenn es darum geht, Theater zu machen, Happenings zu gestalten und Unterhaltung zu bieten, sind wahrscheinlich meist andere zusätzliche Talente gefragt. Der Renaissancemensch, der alles kann, ist wohl auch in der Renaissance ein Zufall gewesen. Die Verbindung des Talents zur bildenden Kunst und zur Musik wie eben bei Leonardo – und bei mir – ist doch eher ein Glücksfall. In meiner künstlerischen Umwelt kenne ich die verschiedensten Mischungen. Ernst Fuchs ist sehr musikalisch, Hundertwasser war es eher nicht. Sehr häufig sind Maler, die auch schreiben; als Beispiel fällt mir Paris Gütersloh ein.

KREUZER: Ja, aber die Muse der Musik als Partnerin ist ja doch besonders reizvoll. Ich möchte dabei an die weiter gespannte Querverbindung von der Natur über die Kunst bis zur Technik erinnern. Mir gefällt die Behauptung: Alle Natur ist Musik – was natürlich auch in der anderen Richtung gelten könnte. Professor Pietschmann beeindruckt mich im Zusammenhang mit der allgemeinen Kreativität, über die Arthur Koestler unter dem Titel *„Der göttliche Funke"* ein zehn Zentimeter dickes Buch geschrieben hat, mit einem Beethoven-Zitat:

„Sie werden mich fragen, woher ich meine Ideen nehme? Das vermag ich mit Zuverlässigkeit nicht zu sagen; sie kommen ungerufen, mittelbar, unmittelbar, ich könnte sie mit Händen greifen, in der freien Natur, im Walde, auf Spaziergängen, in der Stille der Nacht, am frühen Morgen, angeregt durch Stimmungen, die sich bei dem Dichter im Worte, bei mir in Töne umsetzen, klingen, brausen, stürmen, bis sie endlich in Noten vor mir stehen."

BRAUER: Alle Musiker orientieren sich an der Natur. Natürlich gibt es kein Forellenquintett ohne Forellen.

KREUZER: Professor Riedl hat mich in Bezug auf Kreativität aufmerksam gemacht, dass er mit Karl Popper und Friedrich von Weizsäcker eine Beobachtung teilt: Wenn eine Idee im Kopf auftaucht – das kann bei jedem Menschen irgendeine Idee sein, bei Künstlern kann es der Ansatz zu einem genialen Werk, bei Wissenschaftlern die Formulierung einer revolutionären These sein, jedenfalls ist es eine sich anbahnende Erfindung –, muss man sich ganz und gar auf ihre „Geburt" konzentrieren. Sie wird dann immer dichter und klarer, bis sie mit dem viel erörterten „Aha"-Effekt ins helle Bewusstsein tritt. Die neuesten Hirnforschungen geben dazu interessante physiologische Erklärungen: Offensichtlich braut sich die Idee unartikuliert in der rechten Hirnhälfte zusammen und vernetzt sich allmählich mit linken Hirnzentren, die den Nebel lichten, eine Fülle von klärenden Assoziationen herstellen und schließlich das Produkt ihrer Arbeit präsentieren.

BRAUER: Ich kann das aus eigener Erfahrung bestätigen. Bekanntlich hat man ja ähnliche Erlebnisse, wenn so etwas wie eine Idee im Traum zustande kommt.

KREUZER: Den Seinen gibt's der Herr im Schlafe. Wir kennen die berühmte Wissenschafts-Anekdote über Kékulé, der den Benzolring entdeckt und damit die Biochemie begründet hat. Er kannte alle Bestandteile, nicht aber seine Struktur. Im Traum sah er eine Affenherde (nach einer anderen Version ein Schlangennest). Die Tiere fassten einander beim Schwanz und tanzten einen Reigen. Als er aufwachte, hatte er die Strukturformel.

BRAUER: So geht es wohl jedem, aber nicht immer mit Erfolg. Meist wacht man mit einer großartigen Idee auf und begreift sofort, dass es eine Schnapsidee ist. Aber der Vorgang selbst ist natürlich sehr interessant. Ich kann bestätigen, dass ich oft längere Zeit unter seelischen Qualen mit einem Bildmotiv kämpfe, bis es endlich Gestalt annimmt.

KREUZER: Da möchte ich noch einmal Pietschmann zu Wort kommen lassen, diesmal mit einem Mozartzitat. Mozart schreibt an einen komponierenden Baron:

„Wenn ich recht für mich bin und guter Dinge, etwa auf Reisen im Wagen, oder nach guter Mahlzeit beym Spazieren, und in der Nacht, wenn ich nicht schlafen kann, da kommen mir die Gedanken stromweise und am besten. Woher und wie, das weiß ich nicht, kann auch nichts dazu. Die mir nun gefallen, die behalte ich im Kopfe, und summe sie wohl auch vor mich hin, wie mir andere wenigstens gesagt haben. Das erhitzt mir nun die Seele, wenn ich nämlich nicht gestört werde; da wird es immer größer und ich breite es immer weiter und heller aus; und das Ding wird im Kopfe wahrlich fast fertig, wenn es auch lang ist, sodass ichs hernach mit einem Blick, gleichsam wie ein schönes Bild oder einen hübschen Menschen, im Geiste übersehe, und es auch gar nicht nacheinander, wie es hernach kommen muß, in der Einbildung höre, sondern wie gleich alles zusammen."

BRAUER: Da möchte ich noch eine anekdotische Vermutung über den großen Leonardo darüberstreuen, die mit der subtilen Psychologie der Kunstschöpfung und der Kunstwahrnehmung zu tun hat: Wie kommt das zauberhafte Lächeln der Mona Lisa zustande? Ich habe das Original öfters in Paris – leider hinter Glas – betrachtet und habe mir Folgendes zurechtgelegt: Mona Lisa soll porträtiert werden. Sie setzt sich hin, Leonardo malt, und zwar stundenlang. Sie kann natürlich nicht stundenlang lächeln. Also malt er und sie ist völlig ernst. Und wie die Weiber schon so sind, sagt sie nachher: „Gott, schau ich aber traurig drein. Warum geht's nicht freundlicher?" Was tun? Also setzt sich Leonardo noch einmal hin – das sieht man an der Malerei, wenn man genau hinschaut –, greift zum Pinsel, zieht ihr den Mund ein wenig hinauf und macht kleine Fältchen zu den Augen. So kommt das merkwürdige Lächeln zustande, das eigentlich unnatürlich und daher so geheimnisvoll ist.

KREUZER: Lieber Arik, ich danke für das Gespräch.

High tech – high nature

Gespräch mit Werner Nachtigall

KREUZER: Herr Professor Nachtigall, Sie sind im deutschen Sprachraum einer der Hauptvertreter jenes neuen Wissenschaftsfaches, das man Bionik nennt. Hat sich dieser Begriff Ihrer Meinung nach bewährt, obwohl er etwa im englischen Sprachraum nicht allgemein akzeptiert, sondern anders ausgedrückt wird, zum Beispiel als „biomimetics"?

NACHTIGALL: Man setzt den Begriff „Bionik" aus den Anfangs und Endsilben von „Biologie und Technik" zusammen. Damit soll klargestellt werden, dass die Enden dieser beiden heute noch so stark getrennten Disziplinen zusammenkommen sollten. Man kann natürlich auch „biomimetics" sagen, obwohl ich die Wortbedeutung „Naturnachahmung" nicht so gut finde. Biomimetics sind etwa ein Teddybär, der brummen kann, die Puppe in „Hoffmanns Erzählungen" oder jedenfalls Spielbergs virtuelle Dinos. Ich hoffe aber, die Engländer meinen doch das Richtige. Jedenfalls gibt es keinen Grund, Natur und Technik weiter so unterschiedlich zu betrachten wie bisher. Im Gegenteil: Nur wenn wir durch eine sinnvolle Integration die Grenzen überwinden, wenn wir einsehen, dass die biologisch orientierten und die technischen Disziplinen voneinander lernen können, werden wir weiterkommen. Der Ingenieur sollte nicht mehr wie bisher eine ganze Welt von Konstruktionen, Verfahrensweisen und Entwicklungsprinzipien schlicht nicht zur Kenntnis nehmen, sondern sich des Erfahrungsschatzes der Natur bedienen, wo immer das stimmig und sinnvoll ist. Der Biologe seinerseits darf sich nicht mehr damit begnügen, Daten anzuhäufen und hinter den Buchrücken der Bibliotheken verschwinden zu lassen. Er muss sich bemühen, damit auf den konstruierenden Ingenieur zuzugehen und ihm Ergebnisse und Sichtweisen anzubieten, ihn also zu fordern. In der Vorgehensweise gibt es getrennte Ansätze, die sich aber ergänzen. Technische Biologie und Bionik gehören nach dieser Sichtweise zusammen. Technische Biologie erforscht die Konstruktionen, Verfahrensweisen und Evolutionsprinzipien der Natur aus dem Blickwinkel der Technischen Physik und verwandter Disziplinen. Die Bionik versucht, diese Grundlagen-Ergebnisse in die Technik zurückzuprojizieren und Anregungen zu geben für neuartige, dem Menschen und der Umwelt dienlichere Lösungen.

KREUZER: Es ist nicht nur eine Wortspielerei, wenn man, wie Sie es sagen, zwischen „Bionik" und „Technischer Biologie" unterscheidet. „Technische Biologie" bezeichnet die Erforschung der Lebenswelt mit immer feineren technischen Mitteln; auch „Biotechnik" ist etwas anderes, nämlich die konsequente, ja rabiate Nutzung technischer Methoden zur Unterwerfung, zur Ausbeutung der Natur. Insoferne ist „Bionik" das Gegenteil von „Biotechnik", also nicht die Technisierung der Natur, sondern die Durchdringung der Technik mit biologischen Erkenntnissen und Einsichten.

NACHTIGALL: Bionik ist im Bereich der Naturwissenschaft angesiedelt, und der Begriff sollte deshalb naturwissenschaftlich klar definierbar sein. Ich möchte zwei Definitionen vorstellen. Bei einer Tagung im Jahr 1993 des Vereins Deutscher Ingenieure über „Analyse und Bewertung zukünftiger Technologien" in Düsseldorf, die unter dem Motto „Technologie-Analyse Bionik" stand, wurde die folgende

Definition des Begriffs „Bionik" ausgearbeitet: „Bionik als wissenschaftliche Disziplin befasst sich mit der technischen Umsetzung und Anwendung von Konstruktions-, Verfahrens- und Entwicklungsprinzipien biologischer Systeme."

Die Grundgedanken dabei sind folgende: Bionik ist eine eigenständige wissenschaftliche Disziplin, die deshalb auch institutioneller und ausbildungsmäßiger Rahmenbedingungen bedarf. Ihre Grundaufgabe ist nicht so sehr die direkte Erforschung der belebten Welt (das leistet mehr die Technische Biologie), sondern die technische Umsetzung und Anwendung dieser Ergebnisse. Wenn der Grundaspekt der Bionik, nämlich die Technik so zu beeinflussen, dass sie Mensch und Umwelt stärker nützt, stärker zum Tragen kommen soll, kann man auch sagen: „Lernen von den Konstruktions-, Verfahrens- und Entwicklungsprinzipien der Natur für eine positive Vernetzung von Mensch, Umwelt und Technik."

Auf welchen Gebieten kann man bionisch tätig sein? Es sind eine ganze Reihe von Aspekten, die in den drei Grunddisziplinen der Konstruktionsbionik, Verfahrensbionik und Entwicklungsbionik zusammengefasst werden können. Basis für den Erkenntnisgewinn und für jeden Übertragungsaspekt ist aber das So-Sein biologischer Systeme.

KREUZER: Man wird im Lauf der bionischen Wissenschaftsentwicklung zweifellos noch viele verschiedene und viele neue Bereiche bezeichnen, die aneinandergrenzen, einander überlappen und sich vielleicht auch im Sinne einer Co-Evolution durch Widersprüche bereichern. Mir scheint interessant, dass eine der neuesten und interessantesten Arbeiten auf diesem Gebiet – die Dissertation „Bionik und Ecodesign" des jungen Wieners Manfred Drack, der an der Wiener Technischen Universität die Arbeitsgruppe „Angepasste Technologie" leitet – die derzeitige Gliederung der Bionik Ihrem großen und großartig illustrierten Prachtband „Bionik" entnimmt. Er zitiert Sie mit folgender Gliederung:

— Strukturbionik (Vergleichsprinzipien und Materialnutzung)
— Baubionik (Natürliches Bauen)
— Klimabionik (Passive Lüftung, Kühlung und Heizung)
— Konstruktionsbionik (Konstruktionselemente und Mechanismen)
— Bewegungsbionik (Laufen, Schwimmen, Fliegen)
— Gerätebionik (Gesamtkonstruktionen)
— Anthropobionik (Mensch-Maschine-Interaktion, Robotik)
— Sensorbionik (Sensoren und Ortung)
— Neurobionik (Datenanalyse und Informationsverarbeitung)
— Verfahrensbionik (Vorgangs- und Umsatzbionik) ·
— Evolutionsbionik (Evolutionstechnik und -strategie)

NACHTIGALL: Diesem Gliederungsvorschlag folgt auch das von mir mitgegründete Bionik-Kompetenznetz Biokon, und es ist in meinem Lehrbuch „Bionik – Grünkollagen und Beispiele für Ingenieure und Naturwissenschaftler" (2. Aufl. 2002) im Detail „durchdekliniert".

KREUZER: Es kann nun nicht unsere Absicht sein, die bezeichneten Themengruppen vollständig und gründlich in der vorgegebenen Reihenfolge abzuhandeln. Wir sollten die aktuellsten Schwerpunkte herausarbeiten, wobei die Gesamtthematik ja sicherlich Gegenstand weiteren Forschens und Diskutierens sein wird – ich denke da auch an den Mittelschülerwettbewerb für die Expo 05 in Nagoya, „wisdom of nature", der mit unserem Symposium in Hartberg beginnt.

NACHTIGALL: Vom Menschen aus besehen lässt sich das, was uns umgibt, in zwei Bereiche gliedern: der vom Menschen nicht oder nicht vollständig beeinflusste Bereich und der vom Menschen beeinflusste, umgestaltete Bereich. Nennen wir den ersteren sensu strictu „Umwelt", den letzteren

„Technik", so ergibt sich, wenn man nur die vom Menschen ausgehenden Einflüsse betrachtet, ein Prinzipgefüge mit positiven und negativen Beziehungspfeilen. Die Facetten fügen sich nicht zum Ganzen, weil sie vom Teilgebiet „Technik" explosiv auseinandergetrieben werden. Das ist die Realität. Zukunftsvision – auch naturwissenschaftliche Betrachtung kann nicht ohne Visionen auskommen – könnte sein, dass sich die drei Facetten „Mensch", „Umwelt" und „Technik" integrativer zusammenschließen, so dass das Gesamtsystem möglichst nur durch positive Beziehungspfeile zwischen allen Teilgebieten beschreibbar ist.

Aus dem bisher Gesagten und skizzenhaft Dargestellten ergibt sich bereits, dass Bionik zwar eine Disziplin (also ein abgrenzbares Fach) ist, aber nicht nur das: Ich sehe vier Ansätze:

— Bionik ist eine Disziplin.
— Bionik ist ein Werkzeug.
— Bionik ist ein Denkansatz.
— Bionik bedeutet eine Lebenshaltung.

KREUZER: Wir haben recht gründlich besprochen, was Bionik als Disziplin, also als eigenständiges, wenn auch vielfach integrierbares Forschungsgebiet ist. Sie sehen an zweiter Stelle Bionik als Werkzeug. Da scheint mir die Anwendung bionischen Wissens und Forschens für die Mitwirkung an der Lösung jenes Problems besonders wichtig, das vielleicht in weitester Sicht nicht das ultimative, aber zur Zeit eben das brisanteste ist: die Bewältigung der CO_2-Bedrohung, also der Temperatursteigerung durch Verdichtung der Industrie- und Verkehrsabgase. Da liegen ja die bionischen Vorschläge auf der Hand.

NACHTIGALL: Seit etwa fünfzehn Jahren wird die Wasserstofftechnologie als möglicher Zukunftsweg aus dem derzeitigen Energiedilemma ernsthaft diskutiert. Mit ihren fotosynthetischen Vorgängen beherrschen grüne Pflanzen eine

„interne Wasserstofftechnologie" in Perfektion. Sie ist zwar nicht direkt übertragbar, doch können eine ganze Reihe von Mechanismen in den komplexen Transferketten der Fotosynthese von technischem Interesse sein. Dieses kann sich auf einzelne Mechanismen selbst oder auf das kettenförmige Zusammenwirken solcher Mechanismen beziehen. Aus diesen allgemeinen Gründen ist das Abklopfen der pflanzlichen Fotosynthese ebenso wie der Vorgänge im Bakterien-Rhodopsin von höchstem Interesse für eine molekulare solare Energietechnik der Zukunft. Der Berliner Physikochemiker H. Tributsch hat, als einer der Pioniere auf diesem Gebiet, eine Reihe von Aspekten formuliert, bei denen die Pflanze durchwegs besser abschneidet als die Technik:

Die Vorteile der grünen Pflanze:

— Grüne Pflanzen produzieren die Stoffe, die zur regenerativen Solarnutzung nötig sind, bei Umgebungstemperatur. Technische Vorgänge zur Herstellung des nötigen Siliziums, Glases oder Aluminiums benötigen sehr hohe Temperaturen und damit sehr viel Energie.

— Die Natur baut die fotosynthetisch aktiven Stoffe in extrem leichte Membranen ein, die innerhalb – ebenfalls relativ leichter – Blätter ausgespannt werden. Diese Träger können im Windstrom bewegt werden und brauchen keine massiven Halterungen. Technische Solarzellen werden massiv verankert und sind damit schwer, teuer und bauaufwändig.

— Blätter können sich durch energetisch unaufwändige Nachführeinrichtungen tageszeitlich nach der Sonne ausrichten, technische Solar-Paneele brauchen dazu mechanisch und kybernetisch aufwändige, schwere und teure Mechanismen.

— Bei zu hoher Sonneneinstrahlung können die gleichen Prozesse Blätter von der Schmalkante anstrahlen lassen, zum Wegkippen von Sonnen-Paneelen braucht die Technik wiederum teure und schwere Mechanismen.

— Pflanzen nutzen auch indirektes Licht und Streulicht als

integrierten Prozess; die Technik tut sich in dieser Hinsicht schwer.

— Primäre und sekundäre Mechanismen zur Nutzung der Solarenergie sind bei Pflanzen energetisch optimal aufbaubar, in ihrer Lebensdauer begrenzt und vollständig rezyklierbar. Die Technik braucht dazu einen hohen Energieaufwand und hinterlässt schlecht abbaubaren Zivilisationsschutt.

— Die pflanzlichen Einrichtungen zur Solarenergienutzung sind multifunktionell (Fotosynthese-Aspekte, statische Aspekte, Wassertransport-Aspekte und andere mehr sind in ein und dasselbe System integriert). Technische Konstruktionen sind fast stets noch rein monofunktionell und werden kettenförmig hintereinander geschaltet.

— Im Extremfall beträgt die gesamte Energieausbeute der pflanzlichen Fotosynthese an die 10 %. Dies ist kaum schlechter als der Wirkungsgrad derzeitiger hochgezüchteter Silizium-Solarzellen.

— Derzeit werden Solarzellen aus gesägten Siliziumscheiben hergestellt. Ein einziges „Gigawatt-Kraftwerk" aus derartigen Solarzellen würde allein schon 7000 Tonnen Reinst-Silizium beanspruchen, rund ein Viertel der jährlichen Weltproduktion!

Es zeigt sich aus dieser Darstellung, wie wichtig es ist, die unterschiedlichen angesprochenen Aspekte der Natur eingehend zu studieren und soviel wie möglich zu lernen. Das Ziel muss sein, umweltverträgliche, leicht rezyklierbare, leichte und bei Niedertemperatur herstellbare „bionische" Solarzellen beispielsweise als Folien herzustellen und im größten Maßstab – das heißt eben auch großflächig – zu nutzen.

Als Entwicklungsbeispiel kann die Plastik-Solarzelle nach Sariciftci gelten. Der im oberösterreichischen Linz forschende Physikalische Chemiker N. Sariciftci steht einer von mehreren weltweit aktiven Forschergruppen vor, die organische Solarzellen auf der Basis einer künstlichen Fotosynthese entwickeln. Hier sei sein Ansatz geschildert, der in Zusammenarbeit mit an die zwanzig genannten Institutionen bereits auf dem Weg zur industriellen Umsetzung ist. Entwicklungsziel ist eine Plastik-Solarzelle, die automatisch zu fertigen und gegen mechanische Belastung unempfindlich ist.

Konzepten wie diesen ist eine große Zukunft zu prophezeien. Freilich sind noch viele praktisch wichtige Aspekte zu lösen, so beispielsweise die Alterungsbeständigkeit, die Versprödungsunempfindlichkeit, die Übertragung auf großflächige Einrichtungen und eine Reduktion der derzeit noch hohen Produktionskosten.

Die Vision, die Physikochemiker zur Zeit entwickeln, liegt darin, die ungezählten Fassaden und Fenster in technischen Gebäuden zu nutzen. Eine leicht getönte Fensterscheibe, von der man bei Sonneneinstrahlung einen elektrischen Strom über einen Außenwiderstand fließen lassen kann – es gibt ungezählte Fensterscheiben!

Im Prinzip liefern derartige organische Zellen elektrischen Strom ganz entsprechend den heute bereits weitgehend verwendeten Solarzellen auf Kristallbasis. Bereits bei diesen ist die Energiebilanz positiv. Das heißt, auf ihre Lebenszeit betrachtet liefern sie mehr Energie, als sie für ihre Herstellung brauchen. Allerdings ist bei dieser Bilanzierung nicht sicher nachzuvollziehen, ob wirklich alle negativen Randbedingungen einkalkuliert sind (so wie bei einer Bilanzierung des Autos ja auch sämtliche Straßen mit einkalkuliert werden müssten). Es könnte durchaus sein, dass die organischen Solarzellen sehr viel energieärmer herstellbar sind und damit die gesamte Leistungsbilanz verbessern. Sie dürften letztlich auch viel billiger zu machen sein, da keine ultrareinen Räume und Hochvakuumtechniken nötig sind. Allerdings dürften sie eher verschleißen. Sollten sie sich in großtechnischem Maßstab bewähren, wäre auch eine Wasserstofftechnologie durch Wasserzersetzung mittels elektrischen Stroms vorstellbar, wobei der Strom von derartigen Zellen stammt. Die gesamte Energieausbeute, das heißt der Gesamtwirkungsgrad, dürfte dabei allerdings sehr klein sein, vielleicht 1 bis 2 % betragen. Trotzdem könnten Verfahren, die auf eine „künstliche Fotosynthese" hinauslaufen, sich für sehr großflächige Anlagen in trockenen Regionen (Nordafrika!) rechnen.

KREUZER: Besonders vielfältig ist die bionische Durchforschung von Oberflächen. Da kommt ein Fachwort ins Gespräch: Riblet-Effekt.

NACHTIGALL: Riblet-Effekte wurden bereits in den frühen 1980er Jahren im Langley Research Center entdeckt. Die europäischen Eigenentwicklungen zur Reduktion des Widerstands von Flugzeugoberflächen schlossen sich an. Riblets haben darüber hinaus eine weit gehende Anwendung gefunden zum Beispiel zur Reduktion der Oberflächenreibung von Röhren und Dukten, zur Erhöhung des Wirkungsgrads von Pumpen, Wärmeaustauschern und Airconditionern. Darüber hinaus haben sie bei Hochgeschwindigkeitsbooten eine Rolle gespielt. So wurde 1987 der Cup of America zurück in die USA geholt, sicher auch deshalb, weil der Rumpf der Jacht „Stars and Stripes" mit einer Ribletfolie umkleidet war, welche die 3M Company, St. Paul, Minnesota hergestellt hatte. 1984 gewann ein 4er-Ruderer, beklebt mit dieser Folie, bereits eine Silbermedaille für die USA.

Die Strush Company fertigt geriefte Wettschwimm-Anzüge, die von Arena North America, Englewood, Colorado vertrieben werden. Es wird angegeben, dass sie um 10 bis 15 % schnelleres Schwimmen ermöglichen als mit anderen Weltklasse-Schwimmanzügen. (Ein Zehntel davon erscheint mir bereits sehr wesentlich; vielleicht liegt hier ein Kommafehler vor). Gerippte Teile werden dort eingesetzt, wo der Badeanzug am stärksten turbulent umströmt wird, also im Bereich der Arm- und Beinansatzstellen. Mikrofasern und eine spezielle Behandlung sorgen zudem dafür, dass sich der Anzug nicht zu sehr mit Wasser vollsaugt. Für Freestyle,

Rückenschwimmen, Schmetterlingsschwimmen und Brust-
schwimmen gibt es unterschiedliche, speziell angepasste
Anzüge. Diese wurden erstmals 1995 bei den Pan American
Games in Mar del Plata, Argentinien, ausprobiert und führ-
ten zu einem Medaillenregen. Unabhängig davon hat die
Firma Speedo ähnliche, sehr erfolgreiche Schwimmanzüge
entwickelt.

Gabi Ottke, Olympiateilnehmerin von 1988 und ehemalige
deutsche Meisterin über 200 m Schmetterling, wurde bei der
Entwicklung des widerstandsverminderten Schwimman-
zugs „Fastskin" der Firma Speedo in der Versuchsanstalt für
Binnenschifffahrt in Duisburg an einem Handgriff mit Zug-
sensor mit zwei Metern pro Sekunde durchs Wasser gezogen.
Es ergab sich ein signifikant niedrigerer Widerstand mit dem
„Fastskin": 15 % Reduktion. Andere Quellen berichten von
10,5 % Reduktion, die einem Zeitgewinn von 3 % entsprechen. Beides erscheint mir als außerordentlich hoch. Von
Delphinen hat man nicht nur die Widerstandsreduktion
durch ihre schwingungsfähige Oberfläche technisch abstra-
hiert, sondern auch gelernt, dass sie ihren Wellenwiderstand
dadurch reduzieren, dass sie zwar nahe der Oberfläche, aber
in idealen Tiefen schwimmen. Freistilschwimmer sollten
möglicherweise während der Gleitphasen eine Spur tiefer
eintauchen und so schwimmen, dass Auftriebskräfte vermie-
den werden. Es ist nicht selbstverständlich, dass diese einen
Schubanteil entwickeln; sie könnten nach Vergleich mit
Schwimmern im Tierreich auch bremsen.

In Röhren kann man spiralartige oder ringförmige Vor-
sprünge anbringen, die senkrecht zu ihrer Erstreckung über-
strömt werden. Sie ähneln damit pflanzlichen Leitungszellen
und auch Flügeladern von Libellen.

KREUZER: Bionik, so sagen Sie, Herr Professor, ist auch ein
Werkzeug, das in der Praxis anwendbar ist.

NACHTIGALL: Ein Werkzeug kann und soll zu technischen Lösungen führen. Vergleiche zwischen bionischen und technischen Lösungen sind an zwei Stellen möglich, nämlich im Sinn eines Formvergleichs und eines Funktionsvergleichs. Beim Formvergleich werden das technische und das biologische System – zunächst „ganz einfach" im Sinne einer analogen Betrachtung – einander gegenübergestellt und auf Ähnlichkeiten und Differenzen hin durchgemustert. Beim Funktionsvergleich werden die Kataloge verglichen, nämlich der technische Anforderungskatalog für eine Weiterentwicklung und der biologische Deskriptionskatalog des Ist-Zustands.

Was sich aus den Vergleichen und darauf aufbauenden Querbeziehungen ergeben kann, ist nie ein bionisches Produkt – das gibt es gar nicht. Es handelt sich stets um technische Produkte, die aber – und das ist das Wesentliche – mehr oder minder bionisch mitgestaltet sein können.

Erklären kann man dies beispielsweise im Vergleich einer technischen Kupplung, wie sie zwischen den Loren einer Feldbahn üblich ist oder zwischen ziehendem Kraftfahrzeug und Anhänger, und einer biologischen Kupplung, die Vorder- und Hinterflügel einer fliegenden Wanze verkoppelt.

Es ergeben sich, funktionell betrachtet, prinzipielle Übereinstimmungen in der Funktionsweise, beispielsweise das Prinzip des Kraftschlusses und das Prinzip der Zugsicherung über Sicherungsflügel. Natürlich baut die Natur ihre mikroskopische Kupplung anders als der Techniker seine makroskopische Kupplung. Wenn es darum geht, Fragen der temporär kraftschlüssigen Verkopplung zweier Einzelelemente im Mikromaßstab anzugeben, Fragen also, wie sie in der aufblühenden Mikrotechnologie sich zu Dutzenden stellen, ist es möglicherweise sinnvoller, vom „Vorbild Natur" als von bekannten technischen Großausführungen auszugehen. Im vorliegenden Fall würde man im Sinne der Analogieforschung die (weiterzuentwickelnde oder im mikroskopischen Maßstab anzupassende) technische Kupplung und die reale mikroskopische Kupplung der Natur gegenüberstellen.

KREUZER: Das waren durchaus nicht zufällige, aber eben exemplarische Anregungen. Gehen daraus prinzipielle Konsequenzen hervor? Wie kann die Zusammenarbeit zwischen der biologischen und den technischen Disziplinen im Prinzip vor sich gehen? Bionik, so haben Sie an dritter Stelle hervorgehoben, ist ein Denkansatz.

NACHTIGALL: Biologische Analyse bedeutet letztendlich immer Grundlagenforschung. Diese kann allerdings problembezogen und damit von einer technischen Frage, einem auftretenden technischen Problem x1, ausgelöst worden und damit bereits anwendungsorientiert bzw. problembezogen ausgelegt sein. Sie kann aber „zunächst zweckfrei" ablaufen und dann einen Informationspool fließen, aus dem sich der Techniker für seine Problemlösungen bedienen kann, wenn es nötig ist. Wichtig sind dabei drei Aspekte:

— Zum Ersten handelt es sich um Grundlagenforschung par excellence und damit um einen Zivilisations- bzw. Kulturauftrag. Es steht einer Zivilisation gut an, Sinfonieorchester oder Opernbühnen zu unterhalten. Dies kostet Geld und bringt keinen unmittelbaren, leicht messbaren Effekt. Mit der Grundlagenforschung verhält es sich ebenso. Damit ist die „zunächst zweckfreie Grundlagenforschung" Politik und Wirtschaft natürlich weniger gut nahe zu bringen als eine „problembezogene Grundlagenforschung".

— Zum Zweiten hat die „zunächst zweckfreie Grundlagenforschung" sehr starke Ähnlichkeit mit der biologischen Evolution. Diese reagiert ja auch nicht erst mit der Vorstellung neuer, „besser angepasster" biologischer Konstruktionen, wenn sich ändernde Umweltbedingungen dies erzwingen. Die Evolution spielt vielmehr jeweils eine sehr große Anzahl von Möglichkeiten durch und verankert sie genetisch. Wenn sich die Umweltbedingungen dann einmal ändern, ist im Allgemeinen immer eine genetische Information parat, die dann Entfaltungsvorteile vorfindet und sich selektiv durchsetzt und somit zu „besser ange-passten" biologischen Konstruktionen führt.

— Zum Dritten ergeben sich beide Aspekte als praktische Notwendigkeiten. Wenn die Industrie eine Frage hat, die von bionischer Seite angegangen werden kann, wendet sie sich an eine geeignete Institution und vereinbart eine zeitlich terminierte Zweckforschung, gibt also einen For-schungsauftrag. Das ist eine praktische Notwendigkeit, wenn es darum geht, Informationen des „Erkenntnisreser-voirs Natur" zu nutzen. Dieses muss aber gefüllt sein, sonst bekommt man nicht einmal Anregungen für ein zweckbehaftetes weiteres Vorgehen.

Unabdingbar ist also naturwissenschaftlich-biologische Grundlagenforschung. Sie ist darüber hinaus eine zivilisato-rische und kulturelle Forderung, die des anwendungsorien-tierten Deckmäntelchens nicht bedarf. Eine Nation, die sich als Kulturnation bezeichnet, muss einen Teil des Volksein-kommens „zweckfrei" ausgeben, beispielsweise für Filmför-derung, Buchpreise oder eben auch bionische Grundlagen-forschung. Letztere kann eine sehr wesentliche Kittfunktion zwischen Technik und Biologie erhalten, wird sie denn in geeigneter Weise betrieben.

KREUZER: Wenn also Bionik eine Art Kitt zwischen Technik und Biologie darstellen soll oder ein Band werden kann, das diese Disziplinen umschlingt, wie sieht die Zusammenarbeit dann in der Praxis aus?

NACHTIGALL: Am Beginn der Entwicklung eines techni-schen Produkts steht die Konzeption, dann die Ausarbeitung des Form- und Funktionsprinzips, des weiteren die Her-stellung eines Nullmodells. Dieses entwickelt sich in vielerlei Änderungen zu einer Endausführung, die nun auf dem Markt verankert werden soll. Dies gelingt meist nicht auf Anhieb, so dass weitere Modifikationen gemacht werden müssen; die Endausführung wird wieder an der Prinzipkonstruktion gespiegelt, leicht verändert und wieder dem Markt angeboten. Es läuft also ein Iterationsprozess eines einmal angestoßenen Vorgangs ab.

Die Biologie kann im Sinne der Grundlagenforschung oder eines speziellen Recherchenauftrags an der Entwicklung und Weiterentwicklung eines technischen Produkts Anteil nehmen. Die Informationen fließen einerseits in die Schnittstelle zwischen Konzeption und Prinzipmodell, andererseits – in der Weiterentwicklung – in die Iterationsschleife der Marktverankerung. Somit kann Bionik nicht nur bei der Prinzipentwicklung, sondern – was mindestens ebenso wesentlich erscheint – bei der Detailänderung und Anpassung mithelfen. Insbesondere die Marktakzeptanz wird in Zukunft sehr stark davon abhängen, ob ein Gerät oder eine Verfahrensweise Mensch und Umwelt sehr viel stärker einbezieht, als das bisher der Fall ist. Das wird von Waschmitteln bis zu Autos, von Klebstoffen bis zu biochemischen Verfahrensweisen so sein.

Bionische Kenntnisse und Erkenntnisse werden in sehr absehbarer Zeit für die Marktverankerung fast ebenso wichtig werden wie die technologischen Grundkonzepte, gerade wegen dieser vom Käufer ausgehenden Akzeptanz-Problematik. Die Industrie hat sich darauf bereits eingestellt.

Etwas erweitert könnte man also sagen: Bionik ist ein Denkansatz, der den philosophischen Unterbau für ein „natürliches Konstruieren" liefert. Wenn man näher darüber nachdenkt, finden sich eine Reihe von Grundprinzipien natürlicher Systeme, die man auch als Grundelemente eines naturnahen Konstruierens bezeichnen kann. Diese Grundinhalte sind in einer Bionik-Ausbildung insbesondere den jungen Ingenieuren zu vermitteln. Für eine Bioniklehre, die auf diesen Prinzipien aufbaut, wird es unmöglich sein, dass sie nicht Spuren in der geistigen Grundeinstellung und im konstruktiven Vorgehen des zukünftigen Ingenieurs, Naturwissenschaftlers, Technikers, Wirtschaftlers, Politikers hinterlässt.

KREUZER: Die von Ihnen vorgeschlagene Themenreihung hat aufsteigenden Charakter. Letztlich geht es um Lebenshaltung. Hier wird Gesellschaftswissenschaft, Politik, Wirtschaft, schließlich Ethik involviert.

NACHTIGALL: Bionik ist eine Lebenshaltung, die sich ethischen Leitlinien unterwirft. Das Naturstudium verleiht Einsichten. Vertieftes Wissen über die belebte Welt kann eine Lebenshaltung – des Praktikers, Wirtschaftlers, konstruierenden Ingenieurs, von uns allen – induzieren, die sich ethischen Randbedingungen unterwirft. Kurzgefasst eben: „Naturstudium verleiht Einsichten." Die zu erwartenden Einsichten bestimmen mit Sicherheit zumindest und zunächst die „konstruktive Lebenshaltung" eines gestaltenden Ingenieurs. Derartige Einsichten kommen aber nicht von selbst. Ausbildung muss lehren, das „konstruktive und systemerhaltende Potenzial" der belebten Welt zur Kenntnis zu nehmen und aufzuschlüsseln. Einsichten setzen sich auch nicht von selbst konstruktiv um. Dazu bedarf es einer Grundorientierung der Wirtschaft. Diese Grundorientierung der Wirtschaft muss politischen Randbedingungen und/oder Zielsetzungen folgen.

Politische Zielsetzungen sind aber nur akzeptabel, wenn sie im Einklang mit verbindlich eingebundenen ethischen Leitlinien im Sinne einer neuen Moral stehen. Somit muss Ethik an der Basis eines Systemwandels stehen. Sie darf eben nicht nur nachträglich als ethisches Mäntelchen umgehängt werden. Pragmatisch gefordert sind also diejenigen Institutionen und Menschen, die über solche Grundfragen nachdenken. Sie müssen stärker zur Kenntnis genommen und es muss ihnen auch stärkerer gesellschaftspolitischer Einfluss verschafft werden. Wo dieser Einfluss abgeklungen ist, wie beispielsweise bei Elternhaus, Schule und Kirche, sollte alles getan werden, dass dieser zurückgewonnen wird – nicht im Sinne eines altertümelnden „zurück zur Autorität", sondern im Sinne einer geduldigen Überzeugungsarbeit, die den Bildungsweg des jungen Menschen begleitet und ethische Grundaspekte an den Anfang stellt.

Wir brauchen letztlich keine neue Ethik im Sinne einer neuen Lehre sittlicher Prinzipien – es reicht die „alte europäische Ethik". Aber wir brauchen eine neue Moral. Moral ist ja keine These, keine Lehre, sondern die Gesamtmenge der sittlichen Normen, deren kategorischer Geltungsanspruch von den Menschen einer Gesellschaft eingesehen und als für ihr Alltagsleben bestimmend angenommen ist. Das Naturstudium und die bionische Rückübertragung der Erkenntnisse in eine sich weiterentwickelnde – und gerade durch diese Rückübertragung sich positiv verändernde – Technik kann entscheidend helfen, die moralischen Grundlagen für ein „zukunftsadaptives Verhalten" zu schaffen.

Auch und gerade Nachdenken über Bionik in all ihren Facetten führt zu der Schlussfolgerung, dass der ethische Imperativ „Unterwerfen wir uns einer neuen Moral" an der Basis stehen muss. Ethisches Grundverständnis führt aber auch schmerzhaft rasch in die Überlebenspraxis hinein. Gelingt es nicht, die ungehinderte Vermehrung der Menschheit mit Methoden zu verhindern, die ebenso ethisch akzeptabel wie pragmatisch einsetzbar sind, werden alle noch so gut gemeinten Überlegungen – so auch die hier vorgestellten – zum Scheitern verurteilt sein.

Die Grundaussagen, um es nochmals zusammenzufassen, sind:

— Bionik ist keine Heilslehre und keine Naturkopie.
— Bionik ist ein Werkzeug, das benutzt werden kann, aber nicht benutzt werden muss.
— Bionik ist kein allgemeiner Problemlöser, aber fallweise ein machtvolles Hilfsmittel.

Bionik favorisiert Höchsttechnologien, „high tech" – aber solche, die Mensch und Umwelt wirklich dienen. Das schließt „low tech" dort, wo anwendbar und sinnvoll, natürlich nicht aus. Gemeint ist nicht ein schwärmerisches „Zurück zur Natur" im Sinne von Rousseau. Vielmehr geht es um ein geduldiges Bemühen, die drei Facetten „Mensch", „Technik" und „Umwelt" zu einem möglichst nur positiv vernetzten Beziehungsgefüge zusammenzufassen.

Biologie und Technik waren früher nicht aufeinander bezogen, es waren keine oder kaum Querverbindungen erkennbar. Mögliches zukünftiges Vorgehen fordert eine neue Realität, neue Querbeziehungen, die diese beiden scheinbar getrennten Welten besser und besser aneinander koppeln.

Die Welt der Technik kann helfen, die Welt der Natur besser zu verstehen, zu erforschen und zu beschreiben (Aspekte der „Technischen Biologie"). Der Biologe zerlegt die Natur ja in Teilsysteme, die es zu verstehen gilt. Technisches Knowhow kann ihm hier in vielerlei Hinsicht ausgezeichnete Hilfen geben. Wenn er sie nicht annimmt, begeht er eine Todsünde der naturwissenschaftlichen Forschung, nämlich bewussten Wissensverzicht.

Die konstruktive Welt der Technik wird sich durch die Biologie nicht ändern. Nach wie vor werden Probleme lege artis der ingenieurwissenschaftlichen Problemlösungsstrategien bearbeitet und einer Lösung zugeführt werden. Ergebnisse biologischer Forschung können aber dort eingebracht werden, wo es um technische Problembearbeitung geht. Das Endprodukt wird stets ein technisches bleiben. Es gibt keine bionischen Produkte. Das Endprodukt kann aber bionisch mitbeeinflusst, mitgestaltet sein. Und bereits das kann sehr bedeutend sein.

KREUZER: Herr Professor, ich danke für das Gespräch.

Alles was Flügel hat, fliegt

Gespräch mit Bernd Lötsch

KREUZER: Herr Professor, Sie haben eben unser junges Publikum, das das Maxoom-Kino des Öko-Parks Hartberg füllt, zu einem interessanten Test eingeladen. Neben uns steht ein anderthalb Meter großer Globus, den der Öko-Park Hartberg zur Verfügung gestellt hat. Die Frage, die jetzt im Saal diskutiert wird, lautet: Wie hoch ist in diesem Maßstab die atembare Lufthülle der Erde – eine Hand breit? Fingerdick? Oder noch dünner? Wir nützen diese kleine Arbeitspause, um uns zu erinnern, wie diese enge Beziehung zu Hartberg, dem Öko-Park und dessen ambitioniertem Chef Reinhard Fink entstanden ist. Wir beide kennen uns ein Arbeitsleben lang und es war mir eine große Freude und Auszeichnung, vor ein paar Jahren bei Ihnen im Naturhistorischen Museum eine Veranstaltung der ÖAMTC-Akademie zu gestalten und zu moderieren, durch die das Thema Bionik populär gemacht werden sollte. Stargast war Professor Nachtigall, Sie als Hausherr haben ebenbürtig mitgewirkt. In der Folge ist eine wertvolle Bionikachse entstanden. Die schöne Bionikausstellung ist voriges Jahr in Wien und Hartberg präsentiert worden. Ich bin sicher, dass Sie mit allem, was Professor Nachtigall geschrieben und gesagt hat, weitestgehend einverstanden sind. Wir wollen uns daher mit Ihren ökologisch weiter denkenden Ambitionen befassen. Der Globus neben uns ist ein guter Aufhänger für die Weiterführung des Themas ... Inzwischen sind die verschiedenen Einschätzungen der atembaren Lufthülle um den Globus aus dem Publikum notiert worden … Ich höre eben noch einen Zuruf: Ein Millimeter! Ist das glaubhaft?

LÖTSCH: Rechnen wir es uns aus: Die Erde hat einen Durchmesser von 12 700 km. Ein Tausendstel davon sind 12,7 km. In einer Höhe von 12,7 km könnte man nicht mehr atmen. Acht Kilometer sind, wie die Mount-Everest-Ersteigungen Reinhold Messners ohne Atemgerät bewiesen, gerade noch lebend erreichbar. Die Kollegen, die gemeint haben, die atembare Lufthülle hätte auf unserer Modellkugel die Dicke von einem Millimeter, liegen gerade richtig. Ich füge hinzu, was noch wichtiger ist: Die Ozonschicht, die durch ihre abschirmende Wirkung alles Leben auf dieser Erde erhält, also die „Sonnenbrille" unserer Erde, die uns vor den tödlichen UV-Strahlen schützt, ist auf den Druck von einer Atmosphäre gerechnet drei Millimeter dünn – und zwar real, nicht im Maßstab des Globus, sondern wirklich, um den Planeten Erde! Mich hat es wirklich geschockt, als ich das bei einer Ozon-Konferenz in London 1990 gehört habe. Wer diese hauchdünne Schutzschicht verletzt, ist wirklich ein Verbrecher. Die Alarmmaßnahmen zur Vermeidung von halogenierten Kohlenwasserstoffen haben einige Wirkung gezeigt, jetzt braucht es die Disziplin der Weltgemeinschaft. Auch die CO_2- und Methan-Verschmutzung wird wegen der Erwärmungsgefahr durch die verstärkte Absorption der Wärmerückstrahlung zur Überlebensfrage.

Wir brauchen eine intelligentere Energietechnik. Sicher ist der erste Schritt das einfache Sparen. Man könnte vierzig Prozent der heutigen CO_2-Verschmutzung mit längst bekannter Technik einsparen. Eine Thermo-Verglasung der amerikanischen Häuser würde das Doppelte der umstrittenen Alaska-Ölförderung einsparen. Man muss das Problem aber umfassend und global sehen. Die Atomenergie deckt nicht mehr als vier Prozent des Energieweltbedarfes.

Selbst eine Verdopplung der installierten Reaktorkapazitäten brächte wieder nur wenige Prozent. Die Atomenergie, die mehr Probleme schafft, als sie lösen kann, bringt sicherlich keine Antwort auf das CO_2-Problem. Die Wasserkraft ist nur lokal verfügbar und fällt zu einem großen Teil im Winter aus. Außerdem kann man nicht die letzten ungenutzten Gebirgstäler mit der selben Fortschrittseuphorie zubetonieren wie einst die ersten. Wir Österreicher verdanken dem rechtzeitigen Verzicht auf weitere Stauwerkprojekte die sechs schönsten Nationalparks. Diesen Verzicht verdanken wir wiederum den erfolgreichen Bürgerbewegungen.

Somit heißt das relevante Stichwort neben Sparen, Windstrom, Biomasse und Solarwärme in Zukunft Fotovoltaik. Wir haben auf dem Dach des Naturhistorischen Museums hundertfünfzig Quadratmeter, das ist die erste große Anlage in Wien, damit kann man immerhin vier gut ausgestattete Haushalte mit Strom versorgen. Das ist natürlich nur ein Test, aber er weist den Weg. Hundertfünfzig Quadratmeter entsprechen der Größe eines Schrebergartens. Man kann sich leicht ausrechnen, wie viele Schrebergärten auf allen Dächern der Welt, jedenfalls aber auf allen Wüstenflächen, unterzubringen sind.

Nun kommt aber das größte Problem: Elektrischer Strom aus der flüchtigsten Quelle, dem Licht. Wie speichern wir ihn? Die Sonne ist die größte Energiequelle, sie ist aber während der Nacht nicht erreichbar.

KREUZER: Fotovoltaisch gewonnenen Strom kann man nicht in ein Nylonsäckchen schütten und auch nicht in Tankern transportieren.

LÖTSCH: Ich zeige Ihnen daher jetzt ein winziges, aber bedeutsames Experiment, das zeigt, wie man auch in der Großtechnik elektrischen Strom, den man durch Sonnenlicht erzeugt hat, speichern könnte. Sie sehen es: Mein kleiner Apparat wird von einer Glühbirne beleuchtet, die die

Sonne verkörpert. Diese winzige Energiemenge wird fotovoltaisch in Strom verwandelt. Jetzt aber kommt's: Der Elektronenfluss bewirkt eine Wasserzersetzung: An Elektroden in leitfähig gemachtem Wasser kommt es zu einer Bläschenabscheidung von zwei Teilen Wasserstoff und einem Teil Sauerstoff. Man sieht die beiden Gase im Wasser blubbern. Den Sauerstoff schmeißen wir weg, er geht in den Sauerstoffanteil der Atmosphäre über. Das machen die Pflanzen ja auch und ermöglichen der tierischen Welt das Atmen. Den Wasserstoff schmeißen wir aber nicht weg. Auch die Pflanzen nutzen den so gewonnenen Wasserstoff, um ihn in den Chloroplasten, also mittels des Chlorophylls, das die Blätter grün macht, in andere Verbindungen, vor allem unter Verwendung von CO_2, überzuführen. Es entstehen die Kohlenhydrate, auch die Eiweiße, also alles, was die Pflanzen- und Tierwelt zum Leben braucht.

Wie Sie sehen, dreht sich am Ende meiner kleinen Apparatur ein Rädchen. Da werden Sie sagen: Na klar, mit Fotovoltaik kann man einen Elektromotor betreiben. Achtung! Ich drehe jetzt das Licht ab, also ich schalte die „Sonne" aus – und das Rädchen dreht sich weiter, es läuft und läuft und läuft. Was ist geschehen? Da kommt ein wichtiges neues Zauberwort ins Spiel: Brennstoffzelle. In der Brennstoffzelle, die hier eingebaut ist, werden Wasserstoff und Sauerstoff wieder vereint, also zu H_2O, Wasser, gemacht, aber – und das ist der Trick – in einer raffiniert getrennten Weise, die Wasserstoff und Sauerstoff nicht direkt in Kontakt bringt (sonst gäbe das eine Knallgasexplosion, die alles zerstört). Man lässt nur die Elektronen des Wasserstoffs zum Sauerstoff purzeln, um diesen Elektronenfluss als nutzbaren elektrischen Strom weiterzugeben. Wir wissen es schon: Brennstoffzellen verwandeln reinen Wasserstoff auf kaltem Wege in Elektrizität und Wasser. Die bereits laufenden Brennstoffzellen-Autos werden mit Wasserstoff betankt und betreiben damit ihren Elektromotor. Die weltweite Aufgabe heißt also: Durch Fotovoltaik Wasserstoff gewinnen, der sich speichern und transportieren lässt. Das ist dann anstelle von CO_2 produzierenden fossilen Brennstoffen das „Benzin" der Zukunft.

Es geht auch ohne Fotovoltaik, wenn auch komplizierter: Man kann Wasserstoff auch aus Benzol oder Methan gewinnen, dabei fällt aber leider wieder CO_2 ab. Schöne, durchaus reale Vision: Riesige Fotovoltaik-Flächen vor allem in den heißen Wüstengebieten produzieren Strom, dieser erzeugt Wasserstoff und der gasförmige Wasserstoff wird durch die Pipelines wie heute Erdgas (Methan) in die Industrie- und Wohngebiete transportiert; er kann auch gespeichert werden. Gewiss sind noch große technische Umsetzungen, zum Beispiel Tiefkühlung des zu speichernden Wasserstoffs, zu entwickeln. Die soziale Vision lässt uns aber hoffen, dass neben der Sanierung der Umwelt in planetarischem Ausmaß auch großflächige soziale Probleme gelöst werden. Wer jetzt durch Erdöl reich wird, könnte durch Wasserstoff reich bleiben, Hunderte Millionen Menschen in den ärmsten Wüstengebieten, in denen es keine fossilen Brennstoffe gibt, könnten zu Wohlstand kommen. Besonders reizvoll ist dabei der Triumph des bionischen Gedankens: Im entscheidenden Teil der Brennstoffzellen-Technik folgen Wasserspaltung, Verstromung und schließlich das raffinierte Zusammenführen von Wasserstoff und Sauerstoff mit elektrischer Energiegewinnung genau der Natur auf ihrem Entwicklungsprozess, der Milliarden Jahre in Anspruch genommen hat. Diese Entwicklung braucht wieder einmal den Druck kritischer Bürger und Bürgerinnen. Politiker, die diesen Umwälzungsprozess in die Wege leiten müssten, sind nur bereit zu handeln, wenn sie von Mehrheiten dazu gezwungen werden. Das ist der Sinn unserer Demokratie. In diesem Zusammenhang ist es erfreulich, dass die Japaner ihre Weltausstellung im Jahre 2005 nicht als technokratisches Feuerwerk geplant haben, sondern der *„wisdom of nature"*, der Weisheit der Natur, widmen. Und wir dürfen zumindest mitdenken.

KREUZER: Die Beobachtung Ihrer winzigen Brennstoffzellenmaschine mit den Konsequenzen für unsere ganze Erde und ihre globalen Probleme hat uns gelehrt, dass die Bionik sowohl im Allerkleinsten als auch im Allergrößten sinnvolle Erkenntnisse bringt und große Aufgaben erkennen lässt. Ich glaube, man kann hier auch kritische Aspekte erörtern. Im Kleinsten oder fast Allerkleinsten schlagen wir uns mit den ethischen Problemen der Gentechnik herum; da ist es leider besonders schwer, bionische Gesichtspunkte von biotechnischen Intentionen zu unterscheiden. Lassen wir uns von der schwer durchschaubaren Weisheit des DNS- und Proteinsystems mit seiner überquellenden Fantasie beeindrucken und zur äußersten Vorsicht bekehren oder behandeln wir die wunderbaren Bausteine des Lebens als technischen Spielbaukasten? Ich möchte mich aber vorerst auf die möglichen Irrtümer im Bereich des Gigantischen beschränken. Einfache Frage: Sind die fernöstlichen Pläne für mehr als tausend Meter hohe, vorgeblich bionische Bauten, also mit Betonwurzeln nach dem Muster kalifornischer Riesenbäume und inneren Faserstrukturen nach dem Muster von Strohhalmen oder Bambusgewächsen, wirklich bionisch? Es gibt natürlich keinen obersten bionischen Gerichtshof, der das entscheiden könnte. Aber ist da nicht die Architektur eines Termitenbaues eher unbestritten?

LÖTSCH: Wir haben ja in der Natur viele Selbstbegrenzungsmechanismen. Die Natur sorgt im wörtlichen Sinn dafür, dass die Bäume nicht in den Himmel wachsen. Begriffe wie „Wolkenkratzer" oder im Englischen „Skyscraper" (Himmelskratzer) sprechen für sich.

KREUZER: Also babylonischer Blödsinn, vom Lieben Gott persönlich bestraft, wie die Bibel erzählt.

LÖTSCH: Ja, man kann aus dem Alten Testament verschiedenes lernen. In einer Zeit, in der allenthalben die Gigantomanie in die Irre führt, sind solche Bauexzesse, auch wenn sie sich bionischer Hilfsmittel bedienen, nicht zu empfehlen. Da denke ich lieber über die Termitenbauten nach. In den traditionellen Wüstenkulturen der Menschen fällt einem übrigens auf, dass wichtige Bauprinzipien der Häuser mit denen der Termiten übereinstimmen. Diese Übereinstimmung muss nicht abgeschaut oder von bionischen Theoretikern propagiert sein, sie ergibt sich offenkundig in der kulturellen Evolution analog oder als Fortsetzung der natürlichen Evolution, die die Baukunst der Termiten entwickelt hat.

Sie können im arabischen oder persischen Siedlungsgebiet, also inmitten einer Zone, wo die heiße Luft über dem Erdboden zittert, die Einladung ins Haus zu einem Tee problemlos annehmen. Wenn Sie das Haus betreten, ziehen Sie sich die Jacke an. So kühl ist es dort und das, ohne dass eine Kilowattstunde verbraucht wird. Das ganze Haus ist zur Klimaanlage geworden – durch Verdunstungskühlung, durch natürliche Baustoffe sowie Dämmungs- und Speichermassen, vor allem aber durch die Lenkung einer ständigen leichten Luftbewegung. Das scheint einem Termitenbau nachgebildet zu sein – allerdings mit einer unvermeidlichen Ausnahme: Die Termiten leben in ewiger Dunkelheit, sie brauchen keine Fenster. Darum sind sie auch nicht pigmentiert und agieren nur während der Nacht. Also kann man einen Termitenhügel nicht einfach für den Menschen nachbauen, man muss seine Temperierungsmethoden durchschauen. Im Übrigen ist es in einem Termitenhügel beziehungsweise in einem Haus dieses Kulturraumes auch während der durchaus kalten Nacht beziehungsweise einer kühleren Wetterperiode angenehm warm.

Woher nehmen die in diesen Gegenden kulturgebundenen Menschen ihre Haus- und Stadtkonzepte? Ich glaube natürlich nicht, dass diese Bauplane beim Menschen genetisch verankert sind, wohl aber die Fühligkeit für natürliche Lebensumstände und ihre Optimierung durch lange Erfahrungsakkumulation mit Versuch und Irrtum. Nicht Gelehrte im klimatisierten Labor, sondern viele Generationen von Menschen, denen die Sonne auf der Haut gebrannt hat, haben diese Baupläne entwickelt.

KREUZER: Es gibt zwar auch in exotischen Gegenden relativ hohe Bauwerke, vor allem wenn sie der kulturellen Repräsentation dienen. Aber es gibt keine Wolkenkratzer und übrigens auch, solange die Kolonialisierung nicht wirksam ist, keine großstädtischen Riesenflächen.

LÖTSCH: Ja, am höchsten sind die Geschlechtertürme des Jemen – höhere Bauten lässt das Material statisch nicht zu. Da sollten wir natürlich auf Ernst Friedrich Schumacher zu sprechen kommen und auf seinen berühmt gewordenen Slogan „Small is beautiful" …

KREUZER: Und unvermeidlicherweise können wir auch seinen Mentor, den ebenso genialen wie schrulligen Salzburger Leopold Kohr, nicht vergessen.

LÖTSCH: Schumacher war der geniale und wortgewaltige Schüler Leopold Kohrs. Er ist insoferne über seinen Lehrer hinausgegangen, als er zu einem sehr gesuchten Berater von Entwicklungsländern wurde und seine Philosophie intensiv der Praxis ausgesetzt hat.

KREUZER: Zu Ehren Leopold Kohrs muss ich daran erinnern, dass er die längste Zeit eine kleine Insel nach seinen Gesichtspunkten unbestritten regiert hat – das muss eine sehr romantische Zeit gewesen sein. Später hat er sich dann mit noch realeren Ambitionen um die kulturelle Autonomie der Waliser angenommen.

LÖTSCH: Ja, das soll unbestritten sein. Lehrer und Schüler waren sich in ihren Grundsätzen einig und vom selben Idealismus erfüllt. Die gemeinsame Grundweisheit war: „Ein Ding komplizierter machen, das kann jeder drittklassige Ingenieur, aber Dinge vereinfachen, dazu braucht es einen Hauch von Genie." Ich glaube, dass die vorindustriellen Baumeister, die in einer Welt ohne Energieverschwendung leben und arbeiten mussten, uns viel zu sagen haben – vor allem für eine nicht so ferne künftige Welt, in der wir uns aus ökonomischen und ökologischen Gründen keine Energieverschwendung leisten können.

KREUZER: Halten wir also übereinstimmend fest: Bionik kann zwar im Großen wie im Kleinen wirksam werden, man muss aber auf die Sinnhaftigkeit ihrer Anwendung achten. Ich glaube, wir sind uns einig, dass der Schwerpunkt der bionischen Entwicklung eher im Kleinen und im Allerkleinsten liegt, also in der Nanotechnik, wo ja die Kleinheit der Bauteile die Größenordnung der Moleküle erreicht. Die offenkundigsten Chancen der Nano-Bionik liegen im Bereich zwischen Computer und Nervensystem. Am Horizont zeigt sich der verwegene Gedanke des Bio-Computers, der dann nur noch durch den Quantencomputer zu übertreffen ist.

LÖTSCH: Ja, es bleibt dabei: Small is beautiful.

KREUZER: Diese Klarstellung führt uns in eine gute Kurve in die Welt des Großen zurück, soweit wir sie als bionisch und jedenfalls ökologisch wichtig empfinden und besser machen wollen. Ich erinnere an unser eindrucksvolles Testexperiment mit dem Globus und seiner hauchdünnen Lufthülle. Auch dort muss uns auf weite Sicht nicht alles gefallen, was der Technik dient. Der Offenbarungsnutzen der Erdsicht vom Mond aus ist unübertrefflich. Dieses kollektive Welterlebnis hat zweifellos die Einsicht in die Bewunderungswürdigkeit, Einzigartigkeit und jedenfalls Schönheit unseres Erdballs gestärkt, zugleich aber in die hilflose Einsamkeit, seine Grenzen, seine Verletzlichkeit. Es ist auch klar, dass die Satellitentechnik als Durchbruch in der Kommunikation zu werten ist. Allerdings nähern wir uns einer Entwicklungsphase, in der auch Unfug und Unrecht dieses Systems erkennbar werden: Satelliten als Zielfernrohre für kommende Weltkriege, Satelliten im Kalten Krieg der Spionage und als immer präziser werdende Augen eines „Großen Bruders", der bald in jeden Dezimeter der Privatsphäre hineinschauen kann. Man wird das System nicht einbremsen können – allein die erstrebte Perfektion der Wettervoraussagen ist ein zwingender Grund für weitere immer perfektere Konstruktionen. Sicherlich ist das Ganze sündteuer, also ein ökonomisches Problem, und produziert allmählich eine solche Fülle an wechselseitig gefährlichem Weltraum-Müll, dass man auch von einem kosmischen Ökologie-Problem sprechen muss. Da haben nun Sie, Herr Professor, eine visionäre Vorstellung, die mit der für Österreich ruhmvollen Geschichte der Luftfahrt (mit bionischen Aspekten) eng zusammenhängt. Das beginnt, wenn man will, mit dem legendären Dädalus und seinem unglückseligen Sohn Ikarus, betrifft den ambitionierten, aber naiven „Schneider von Ulm" und kennzeichnet auch einen essenziellen Fehler in der an sich großartigen zeichnerischen Konzeption unseres bewunderten Leonardo: Sein Ur-Flugzeug sollte flattern – ein Irrtum des Beginns, der ein halbes Jahrtausend später von einem Österreicher korrigiert werden sollte.

LÖTSCH: Der erste Flug-Pionier, Otto Lilienthal – im Wettbewerb mit ähnlich ambitionierten Franzosen –, wurde im Revolutionsjahr 1848 geboren und in Berlin als Maschinenbautechniker ausgebildet. Er machte sich über den Irrtum seiner antiken Vorgänger und des großen Leonardo sehr klare wissenschaftliche Gedanken, glaubte aber doch den Flatterflug nachahmen zu können. Zu Recht vermutete er einen Zusammenhang zwischen dem Körpergewicht und der Flügelfläche. Er argumentierte: Ein Kilogramm Sperlinge kommen mit $0{,}25\,m^2$ Flügeln aus, ein Kilogramm Libellen brauchen dagegen 2,5 m², woraus er auf die Vorzüge der Vogelflügel schloss. Er hatte keinen Windkanal, wohl aber ein Rundlaufgerät, an dessen sieben Meter langem Arm die Versuchsflügel mit bis zu 12 m/s zu bewegen waren. Er maß aber den Luftwiderstand mit verschiedenen Anstellwinkeln und stellte fest, dass die Flügel von einem Aufwind hochgezogen wurden, wenn sie gewölbt waren. Er berechnete, dass ein Mensch fliegen könne, wenn er ein starres, etwa zehn Kilogramm schweres Flügelpaar von mehr als 10 m² aufgebunden hätte, am besten bei einem Gegenwind von 10 m/s. Als Wölbung sah er ein Zwölftel der Flügelbreite vor. Tatsächlich gelangen Lilienthal – man kann darin den Anfang des Menschenfluges sehen – einige tausend Luftsprünge bis zu mehreren hundert Metern. Seine Flügel waren aus Weidenholzleisten und mit Baumwolle bespannt. Damit hätte er zufrieden sein können. Er wollte aber, verführt von den alten Irrtümern, mit den Flügeln schlagen. Deshalb baute er einen kleinen Motor mit einer CO_2-Druckflasche. Die Fachwelt beobachtete das Abenteuer bewundernd und mit Sympathie. Er wurde von Hermann Helmholtz und Ludwig Boltzmann gelobt. 1889 erschien sein Buch „*Der Vogelflug als Grundlage der Fliegekunst*“. Schließlich holte ihn aber das Pech ein: Eine unerwartete Sturmböe reißt ihn mit seinem motorlosen Gleiter hoch und lässt ihn aus fünfzehn Metern abstürzen: Bruch eines Halswirbels, Querschnittlähmung. „Opfer müssen gebracht werden“, war einer seiner häufigsten Aussprüche. Am 10. August 1896 starb er.

KREUZER: Also wenn man will, die dritte historische Flugtragödie nach Ikarus und dem „Schneider von Ulm“. Leonardo hat sich zu seinem Glück mit dem Zeichnen und mit einer umfassenden Vogelforschung begnügt.

LÖTSCH: Ich zeige Ihnen jetzt das denkbar einfachste und billigste Experiment, das den entscheidenden Durchbruch vom unmöglichen Flatterflugzeug zum zukunftsträchtigen

Zanonia-Samen

Gleitflugzeug vorwegnimmt. Ich halte vor meinem Mund –
über die Hand gewölbt – ein Blatt Papier und blase kräftig
darüber hinweg. Unbesehen sollte man glauben, dass der
Luftstrom das Blatt niederdrückt. Sie sehen aber – *fffffffff* –,
dass sich das Blatt hebt. Das ist das Geheimnis des Gleitens.
Natürlich kann man das auf diese Weise abhebende Flügelpaar mit Propellern oder Düsen antreiben, wobei auch der
Auftrieb stärker wird. Andererseits können die Vögel sowohl
segeln als auch erfolgreich flattern. Das Flattern setzt aber
eine Flügelkraft voraus, die mehr als die Hälfte der Muskel-
masse in Anspruch nimmt. Je kleiner, leichter und andererseits relativ muskelstärker ein Vogel ist, umso besser kann er
flattern, wie etwa der Kolibri der in der Luft „stehen" kann.

KREUZER: Ich nehme an, jetzt kommt der eigentliche bio-
nische Trick ins Spiel. Der österreichische Textilindustrielle
Ignaz Etrich kaufte 1898 als Neunzehnjähriger zwei Flug-
apparate aus Lilienthals Nachlass – einen Gleiter und einen
Schlagflügler. Er probierte und probierte, obwohl ihm sein
Vater die Flugversuche verboten hatte.

Technischer Ur-Gleiter

LÖTSCH: Dann kam aber die bionische Erleuchtung: Aufgrund von Schriften des Hamburger Gymnasialprofessors Friedrich Ahlborn wurde Etrich auf den geflügelten Samen der javanischen Zanonia aufmerksam. Er baute den zauberhaft schwebenden Flugsamen intelligent nach. Mit diesem „Nurflügler" von bis zu 14 Metern Spannweite gelangen hervorragende Gleitflüge von einer Schanze, zuerst mit Sandsäcken, dann mit einem tollkühnen Testpiloten, dem Fechtlehrer Franz Xaver Wels. Dieser stand in dem Fluggerät, lenkte gewichtsverlagernd und durch Verwindung der Flügelenden mittels Seilzügen – und überlebte diese Phase sogar (mit einer Annerkennungsprämie des Kaisers von 200 Gulden). Was ich hier in der Hand halte, ist ein originaler Flugsamen der Zanonia. Ich habe ihn mir aus Java schicken lassen und habe noch einige neue Bestellungen gemacht. Also riskier ich's. (Professor Lötsch klettert ziemlich riskant auf den Tisch und startet den wertvollen Samen. Dieser schwebt durch den ganzen Maxoom-Saal und verschwindet vorerst unter die Sitzreihen; später wird er dann leicht lädiert aufgestöbert).

Die Schwebeleistung der Zanonia, eine Anpassung an die ziemlich windstillen Urwälder Javas, ist zweifellos einzigartig. Sie kennen aber die raffinierte passive Fortbewegungstechnik der Pflanzen von zahlreichen Beispielen: Linden-, Ahorn-, Birken-, Weidensamen bzw. -pollen. Für jedes Kind ist im Mai das In-die-Luft-Blasen der Löwenzahnsamen („Pusteblume") ein Vergnügen. Dass Samen auch weggeschleudert oder dem Wasserlauf anvertraut werden, ist nur ein Hinweis auf eine allgemeine Strategie. Wenn die Pflanze schon ortsfest ist, müssen ihre Samen auf die Reise gehen. Die „Schlauesten" setzen mit bunten und schmackhaften Früchten als Lockspeisen einen Anreiz für Tiere, die Samen im Darm zu transportieren. Beim Absetzen der Samen erhalten diese gleich den Dünger mit – als Keimhilfe. Rätselhafterweise ist es Etrich damals nicht gelungen, den „Nur-Flügler" zu motorisieren, obwohl doch ein Flugzeug, das nur aus Tragflächen besteht, das günstigste Verhältnis Leistung zu Gewicht hätte. Die Motor-Zanonia kam nicht vom Boden weg. Dies gelang erst mit Rumpf und Steuerschwanz – so wurde sie zur legendären „Etrich-Taube", die Österreich vor dem Ersten Weltkrieg mit mehreren Dutzend „Weltrekorden" an die zweite Stelle der Flugnationen katapultierte.

Uns interessierte es hingegen, nochmals an der voll und ganz „bionischen" Zanonia anzuknüpfen und diese zu motorisieren. Wir haben nach dem Zanonia-Modell ein Nur-Flügel-Motorflugzeug gebaut. Es wird derzeit ferngesteuert; wir schicken vorläufig noch keine Menschen „in den Himmel". Das Gerät hat wunderbare Flugeigenschaften, es kann auch bei Seitenwind starten und landen, stabilisiert sich selbst, das Ding ist wunderschön. Wir haben mit Kiefernholz, Bambus und Baumwolle gearbeitet. Unser nächstes Vorhaben ist die Oberseitenbespannung mit Voltaik-Folie – eine Vorkehrung für Minimalmotorisierung. Damit komme ich zum eingangs erwähnten Hauptmotiv zurück: ein Solarflugzeug zu bauen, welches computer-ferngesteuert, immer über den Wolken, also in der Sonne gehalten, in der Stratosphäre (über

12 km Höhe) seinen Dienst erfüllen könnte, um für leichte, aber nanotechnisch perfekte Geräte einen guten Blick auf die Erde zu gewährleisten. Das wäre eine kostengünstige, ökologisch verträgliche und zukunftsträchtige Alternative zu den unvorstellbar teuren und zunehmend problematischen Satelliten – hoffentlich nur für Zwecke, die der Menschheit nützen, also etwa Erdbeobachtung im Hinblick auf globale Veränderungen, etwa auch für Telekommunikation, soweit man diese auf die Dauer als nützlich betrachten kann. Die Leichtigkeit dieses Gerätes ermöglicht die Nutzung der alleräußersten Lufthülle, in der nur noch ein Luftdruck von einer Hundertstel-Atmosphäre herrscht. Satelliten müssen ja mit starken Raketen weit in den Weltraum hinaus befördert werden, weil sie auch in der dünnsten Luft verglühen würden. Wir werden an der Entwicklung unseres Nur-Flüglers fleißig weiterarbeiten. Hoffentlich wird er als Solarflieger eine österreichische Attraktion für die Expo 2005 in Nagoya. Schön wäre es auch, den flugfähigen 1:1-Nachbau der historischen Etrich-Taube, vom österreichischen Architekten Linner in Deutschland gebaut, für Österreich zurückzukaufen und zu bestimmten Zeiten über dem Expo-Gelände kreisen zu lassen. Wir würden vielen Nationen damit die Show stehlen.

KREUZER: Nun noch ein ganz grundsätzliches bionisches Problem: Wie kann unser menschliches Gehirn, das ja zweifellos ein Naturprodukt ist – den Zusammenhang erläutert uns die evolutionäre Erkenntnistheorie –, so etwas Unnatürliches wie eine gerade Linie oder einen exakten Kreis zum Gegenstand seiner technischen Bemühungen machen? Um Hundertwasser zu zitieren: *Die gerade Linie ist eine Sünde.*

LÖTSCH: Er hat gesagt: *Die gerade Linie ist gottlos.*

KREUZER: Nun, da sind wir wieder einmal beim „Lieben Gott", dem außerhalb unserer wissenschaftlichen Welt liegenden Verursacher und vielleicht auch Programmierer dieser unserer Welt. Mit Hundertwasser gesagt: Wie kann ein „gottvolles" Gehirn, vorläufiges Endprodukt einer „göttlichen" Schöpfung, etwas so „Gottloses" hervorbringen? Wenn wir den „Lieben Gott" weglassen, kann man auch sagen: Wie kann ein biologisches Konstrukt wie unser zentrales Nervensystem so unbiologisch denken und planen? Wie kann der „Hundertwasser-Mensch" so lebensfremd agieren, wenn auch mit spektakulärem Erfolg? Die Frage wird nur durch den Umstand entschärft, dass dieses Gehirn neuerdings imstande ist, den Irrweg zu erkennen, gegenzusteuern und so seine natürliche Wesenheit wiederzuentdecken.

LÖTSCH: Ich war jahrzehntelang mit Friedensreich Hundertwasser eng befreundet und wir haben über die „gottlose Gerade" wiederholt gestritten. Aus heutiger Sicht muss ich bekennen, dass Hundertwasser im Prinzip Recht hatte. Erstens war er ein intuitiver Naturbeobachter. Er hat überall dort, wo wir in der Natur gerade Linien zu sehen glaubten, also beispielsweise die Kanten von Kristallen, viel genauer hingeschaut und dabei auch die Lupe nicht vergessen. Er sah, dass auch die noch so scharf scheinende Kante eines Bergkristalls nicht völlig gerade ist. Sie hat winzige Stufen und andere Unebenheiten. Daraus zogen wir im Diskurs den Schluss, dass erst unsere Wahrnehmung und ihre geistige Verarbeitung die natürliche Kristallkante völlig gerade macht. Die geometrisch exakte Gerade erweist sich somit als ein gedachtes Ideal, das die Vereinfachung dessen darstellt, was die Natur tatsächlich hervorbringt.

Hundertwassers Motivation hatte insbesondere einen historischen Aspekt: Er hat es als Sündenfall betrachtet, dass es mit der allmählichen Verdrängung des Handwerks und dem Übergang zu Maschinen und Supermaschinen überhaupt erst möglich wurde, die gedachte ideal-gerade Linie in großem Maßstab exakt zu verwirklichen. Er hat beobachtet, dass der Mensch sich in solchen geometrisierten Umwelten langweilt, visuell langweilt. Sein Wahrnehmungsapparat, also im

Fall der geraden Linie das Auge und das Interpretationsvermögen des Gehirns, ist dazu bestimmt, die Umwelt ununterbrochen abzuscannen. Das Hirn arbeitet als „Signifikanz-Detektor", das heißt, es registriert alles, was auffallend vor dem Hintergrund organischer Unordnung und des „natürlichen Chaos" als Kontrast hervorsticht. Wenn das Rare zur Regel, primitive Geometrie zum geisttötenden Massenprodukt wird, sehnen wir uns nach dem Lebendigen, Organischen. In den modernen Glaspalästen stehen dann Dschungel-Pflanzen, damit sie psychisch erträglich werden.

Aber nicht nur unsere menschliche Gefühlswelt, wenn man so sagen will, die Seele, leidet unter der brutalen Geometrisierung, auch in der ganz großen Realität, zum Beispiel beim Wasserbau, wird die Schädlichkeit des Begradigungswahns offenkundig. Die Beseitigung der Mäander, der Verästelungen und der Aulandschaft rächt sich im Unterlauf der Flüsse durch katastrophale Überschwemmungen besiedelter Regionen. Durchgehend regulierte Wasserläufe sind nicht nur Flussleichen in Betonsärgen – wenn man den Flüssen in der offenen Landschaft nicht Freiraum zum Ausschwingen und Über-die-Ufer-Treten lasst, fallen sie am Unterlauf über Städte und Kulturland her. Außerdem lassen die schnurgeraden „Rennstrecken" in trockenen Zeiten die Landschaft „ausbluten". Das heißt, sie senken wie „Drainagen" das Grundwasser. Schließlich bieten die toten Gerinne durch Mangel an Strukturen zu wenig Turbulenzen für die Belüftung und zu wenig Siedlungsmöglichkeiten für die Lebensgemeinschaften, die eine „Selbstreinigung" der Gewässer bewirken.

KREUZER: Zurück zur Ursache: Warum blinkt im menschlichen Gehirn, wenn es sich technische Monstrositäten ausdenkt, nicht eine natürliche Warnleuchte – oder kann man schon sagen: Sie blinkt gerade, wenn auch zu spät und noch zu schwach?

LÖTSCH: Das ist sicher nicht leicht zu erklären. Offenbar sind bei der explosiven Entwicklung des menschlichen Gehirns Leistungsreserven entstanden, die auch in die Irre agieren können.

KREUZER: Also evolutionäre „Aufblähungen", die so wenig nützlich sind wie die Mister-World-Muskeln des Arnold Schwarzenegger, die allerdings auf eine Weise äußerst nützlich wurden, die sich die Natur nicht vorgestellt hat.

LÖTSCH: Man könnte auch überlegen, ob der Drang zur Problemlösung hier überschießend wirksam wurde. Alles Leben ist Problemlösen, das sagen sicher zu Recht sowohl Konrad Lorenz als auch Karl Popper, aber man kann in vielen Extrembereichen der Evolution beobachten, dass Problemlösungen überschießend wirksam werden können und daher andere Probleme schaffen. Die menschliche Intelligenz war ja in der allerletzten Phase vor unserer Zeit so erfolgreich, dass man von einer überstürzten Erfolgsstory sprechen kann. Wenn ich Freunde durch unsere paläontologischen Sammlungen führe, dann zeige ich immer das kleine Urpferdchen, das noch fünf Zehen hatte. Die Evolution hat fünfzig Millionen Jahre gebraucht, um aus diesen fünf Zehen (Grundbauplan aller Wirbeltiere von den Fröschen aufwärts), einen Huf zu formen, der dem Steppenboden ideal angepasst war. Dagegen hat sie für die letzte Verdreifachung des Affenhirns zu dem des Homo sapiens nur anderthalb Millionen Jahre aufgewendet – eine vielleicht zu rasche, ungeprüfte und daher gefährliche Entwicklung.

KREUZER: Die Möglichkeit einer solchen Entwicklung und auch ihrer Entgleisung muss aber wohl tief in der genetischen Grundstruktur des Lebens verankert sein. Nach viereinhalb Milliarden Jahren organischer Entwicklung ohne strenge Geometrie und der von Hundertwasser angeprangerten „gottlosen Geraden" kann doch das auf Mathematik und Geometrie bezogene eckige Denken in Wissenschaft und Technik nicht vom Himmel gefallen oder aus der Hölle aufgestiegen sein.

LÖTSCH: Zweifellos enthält unser Gehirn und sicherlich auch das Gehirn primitiverer Entwicklungsstufen einen gewissen Sinn für Geometrizität, der uns veranlasst, in den schon erwähnten natürlich gewachsenen Kristall die geometrische Perfektion hineinzuprojizieren. Man kann das auch aus den Preislisten bei Kristallversteigerungen beobachten: Je regelmäßiger – zufällig regelmäßiger – ein Kristall geformt ist, umso mehr ist er wert. Wir zahlen also nicht für die Natürlichkeit, sondern für die größtmögliche scheinbare Unnatürlichkeit, Naturferne, Kontrastwirkung; bei Edelsteinen helfen wir mit Schleifapparaten nach.

KREUZER: Wir bewundern ja auch an den Bienen nicht nur ihren Fleiß und ihre staatliche Ordnung, die selbstverständlich mit der unseren nichts zu tun hat, sondern wir sehen auch in den sechseckigen Waben quasi technische Glanzleistungen. Dabei übersehen wir, dass das natürliche, also bionische Wesen des Bienenstocks an seinen Rändern erkennbar wird, an denen sich die Waben weich und plastisch verzerren, um sich anzuheften. Die natürliche Geometrie kann also „schlampig" erscheinen. In der geometrisch schönen Spiegelsymmetrie scheint uns hingegen etwas zu fehlen. Aneinandergefügte, spiegelgleiche Gesichtshälften wirken bekanntlich weniger attraktiv, fad. Ich erwähne Blütenblätter, die man beim Flirten aus ihrer Radialsymmetrie reißt – für das Spiel „Sie liebt mich – Sie liebt mich nicht". Der Strahlenkranz ist so wie für die Bienen, denen er Nahrung signalisiert, eine ästhetische Lockung, aber das Spiel sucht nach einer kleinen Asymmetrie – sonst wüsste man ja immer, wie es ausgeht. Man kann wohl sagen: Je geometrisch perfekter ein Motiv ist, desto rascher sehen wir uns daran satt. Aug' und Hirn haben dann eben zu wenig zu tun. Die kleinen Unregelmäßigkeiten, die wir zur Idee des Perfekten ergänzen, sind „Kaugummi fürs Gehirn".

LÖTSCH: Was die Bienenwaben betrifft: Ihre flächige Geometrie hilft die allseitige Spannung optimal zu meistern, an den Rändern geht es aber darum, Halt zu finden, denn dort ist die Spannung eben nicht gleichmäßig. Die sechseckige Form ist also plastisch.

KREUZER: Die Geometrie der Natur ist also elastisch, wenn man will schlampig, „*fuzzy*" – worüber noch zu reden sein wird. Aber im Kontext unseres Gespräches ist doch nicht zu leugnen, dass geometrische und allgemein gesagt mathematische Elemente zu unserem tiefst verwurzelten Erbgut gehören. Wenn die Mathematik erfunden ist, so nicht von uns Menschen; wir haben nur sehr viel Wunderbares daraus gemacht.

LÖTSCH: Vielleicht hätte Immanuel Kant zu seinen klassischen Apriori, also Raum, Zeit, Kausalität, zumindest noch geometrische und insgesamt mathematische Apriori hinzufügen müssen – so wie vieles oder alles an Verhaltensweisen, die Konrad Lorenz als angeboren erkannte, letztlich für Tier und Mensch apriorisch sein müssen. Ob wir auch die Ur-Mathematik ebenso angeboren haben wie die gerade Linie, ist ein Thema, über das noch viel nachgedacht werden wird. Immerhin folgt unser musikalisches Harmonieempfinden ganzzahligen Verhältnissen in den Frequenzen (womit natürlich noch keine Mozart-Melodie erklärbar ist).

KREUZER: Unsere besorgte Reflexion über die Irrwege der modernen Technik mündet, wie wir einander wechselweise überzeugt haben, in die Hoffnung auf eine grundlegende Revision unserer Zukunftskonzepte. Das halten die kompromisslosen Vertreter der harten Technik für romantisch, schlimmstenfalls für reaktionär. Da kommt einem jedenfalls die Parole Jean Jacques Rousseaus in Erinnerung: „Zurück zur Natur!" Ich glaube, es ist kein fauler Kompromiss, wenn man festhält, dass gute bionisch-ökologische Konzepte nicht einfach in die Vergangenheit zurück wollen. Die Neuorientierung erscheint ihnen als der echte Fortschritt. Im Bereich der Wirtschaft zeichnet sich ein Übergang vom bloß quantitativen zum qualitativen Wachstum als Ausweg aus der erkennbaren Sackgasse ab. Man verurteilt die Menschheit auch nicht zum Schneckenschicksal, wenn man das Sprichwort *„Eile mit Weile"* ernst nimmt und das Sprichwort *„speed kills"* als Warnung versteht.

Ich glaube, wir runden unser Gespräch einleuchtend ab, wenn wir daran erinnern, dass die Evolution mit Erfolg vielfach alte Wege neu begangen hat, ohne die bereits festgelegten Konstruktionsprinzipien zu ignorieren. Mir fallen da etwa die genial wirkenden Anpassungen jener ehemaligen Landsäugetiere auf, die vor gar nicht so langer Zeit, nämlich vor dreißig Millionen Jahren, ins Meer zurückgegangen sind und dort als Delphine, die möglicherweise gescheitesten Tiere der Welt, jedenfalls die mit den meisten Hirnrindenwindungen, oder auch als größte Tiere der Welt, etwa in Gestalt des Blauwals, leben. Die ebenso mutig ins Wasser zurückgekehrten Vögel haben als Pinguine das zweifellos größte Abenteuer der Klimabewältigung überstanden, indem ihre Männchen bei fünfzig Grad Kälte und antarktischen Winterstürmen ihre Eier ausbrüten.

LÖTSCH: Bei den ins Wasser zurückgekehrten Landtieren, die sich verblüffend rasch mit allen ihren Organen an das für sie neue, für das Leben aber altgewohnte Element angepasst haben, ist ja ein wichtiger Vorteil ins Spiel gekommen: Sie haben auf dem Umweg über das Land ein Maß an Intelligenz erworben, welches ihnen bei der Einordnung in das Biotop des Ozeans sicher zugute gekommen ist. Sie sind im neuen alten Milieu überraschend intelligent in Erscheinung getreten. Wenn ich mir die Überlegenheit des „jungen" Delphins gegenüber dem drei- bis fünfhundert Millionen Jahre alten Haifisch anschaue, komme ich aus dem Staunen nicht heraus. Neben ihren Schwimmkünsten haben die Delphine ein sonografisches Organ entwickelt wie unsere Hightech-Medizin mit ihren diagnostischen Geräten. Wenn Delphine auf einen schwimmenden Menschen treffen, der eine metallene Prothese im Leib hat, wird er voller Neugier untersucht. Der Delphin hat eine Art Röntgenbild seiner Umgebung. Wenn er sich einer schwangeren Menschenfrau nähert, „sieht" er den Embryo im Mutterleib und umsorgt sie, als ob sie eine Delphinmutter wäre.

KREUZER: Erstaunlich ist jedenfalls das Tempo der Neuanpassung. Delphine und Pinguine schwimmen so leicht wie Haifische, auch ihre Hautoberflächen sind so trickreich strukturiert, dass ein erwachsenes Tier weniger Wasserwiderstand entwickelt als ein quergestellter Dukaten.

LÖTSCH: Rechnet man den Energieaufwand des Pinguins beim Schwimmen in Benzin-Einheiten um, käme er auf cirka 1 l Benzin für 1000 km! Und das mit „Heckflossen", die einst Vogelbeine waren. Diese Leistungen werden erbracht, obwohl die Konstruktion des Organismus in wesentlichen Aspekten an die ererbten Grundstrukturen gebunden ist: Delphine und Wale haben daher zum Unterschied von den Fischen quergestellte Schwanzflossen, weil sich ihre Wirbelsäule so nach oben und unten durchbiegt wie beim vierfüßigen Laufen an Land. Fische und schwimmende Reptilien müssen dagegen noch „schlängeln" und haben daher senkrechte Schwanzflossen.

KREUZER: Wichtigste „evolutionäre Bürde" ist ja wohl die Unmöglichkeit zur Kiemenatmung. Die Wasserrückkehrer müssen Lungenatmer bleiben, obwohl sie Ansätze zu Kiemen im Erbgut haben, die bei der Embryonalentwicklung angedeutet werden.

LÖTSCH: Ihre Lunge ist aber so raffiniert umgestaltet, dass keine Taucherkrankheit entsteht. Beim Tauchen wird die Lunge eines Delphins oder Wals völlig aus- und zusammengepresst, sodass darin kein Luftstickstoff unter Druck verbleiben kann, der beim Auftauchen Bläschen erzeugen und die tödliche Taucherkrankheit bewirken würde. Wir erkennen hier ein Grundprinzip der Evolution, dass bereits Erfundenes nicht neu erfunden, sondern umgebaut, umfunktioniert wird. Als Sauerstoffquelle dient den Delphinen nicht mitgenommene Luft, sondern Hämoglobin, und im Muskelfleisch das ihm verwandte Myoglobin – so konzentriert, dass das Fleisch fast schwarz wirkt.

KREUZER: Diese erfinderische Erfindungssperre scheint wirklich durchgehend zu sein. Man braucht nur daran denken, dass auch im Innersten allen Lebens, in der Keimbahn, neunzig Prozent Information mitgeschleppt werden, die gar nicht an der Proteinproduktion und somit an der Körpergestaltung mitwirken; jedenfalls weiß man nicht, wozu sie gut sind. Ich erlaube mir für dieses Gesetz einen Namen vorzuschlagen: Es ist eine Sodom-und-Gomorrha-Mahnung „dreh dich nicht um – sonst erstarrst du zur Salzsäule!"

LÖTSCH: Da gibt es unzählige Beispiele: Die Giraffe hat genauso viele Halswirbel wie die Zwergmaus, nämlich sieben, die ganze Morphologie der Landwirbeltiere beruht auf dem Prinzip der Vierbeinigkeit: Ein Fledermausflügel ist aus ebenso vielen Fingern gestaltet wie die Vorderpfoten aller laufenden Gattungen. Das gilt auch für den Lorenz'schen Verhaltensbereich. Wenn Masken-Tölpel (fischfressende Vögel auf Galapagos) ihr Liebesspiel treiben, präsentiert das Männchen als Ritual Baumaterial, das offenkundig zum Nestbau bestimmt ist, obwohl diese Wasservögel gar kein Nest mehr bauen. Wenn das Leben zurückgreift, dann nur, um einen neuen Weg einzuschlagen – wie wir das an Larven sehen, die noch nicht alle ausdifferenzierten Spezialisierungen aufweisen, geschlechtsreif werden und dadurch eine offene Zukunft für neue Anpassungswege haben.

KREUZER: Diese fortschrittliche Konservativität, diese gleitende Wandlung der Formen und Funktionen, bei denen sich Rückgriffe als Durchgriffe zu neuen Chancen erweisen, ergibt eine Symphonie von Gestalten und Bewegungen, die wir nicht nur als nützlich verstehen, sondern auch als schön empfinden. Bionik hat daher offenkundig auch den Zweck, das Verständnis dieser Schönheiten als Ganzes erleben zu lassen. Der von Hundertwasser „behübschte" Schornstein der Müllverbrennungsanlage Spittelau in Wien ist sicher kein Musterbeispiel für ganzheitlich gestaltete Harmonie, aber schöner als vorher ist er immerhin.

LÖTSCH: Außerdem ist „Schönheit" im menschlichen Dasein ja auch eine Art von Funktionalität – nämlich „Funktionserfüllung für die Seele". Für „Umnutzen" statt „Zerstören und Neubauen" als organische Strategie gibt es auch kulturelle Beispiele, etwa im Städtebau: Soll ich ein Althaus abreißen und mit dem Bauschutt Deponien füllen, andererseits schweres Baumaterial, insbesondere Beton, umständlich transportieren, oder soll ich versuchen, die Grundmauern nötigenfalls durch Trockenlegung zu erhalten? Ein Drittel der Energie für die Errichtung eines Gebäudes steckt im Material. Was an Material gespart wird, kann für Handwerksleistungen verwendet werden: Also Arbeitsplatzsicherung statt bloßer Maschinen-Amortisation für Fertigteilplattenbauten. Außerdem habe ich mit dem neugenutzten Altbau einen städtebaulichen Anhaltspunkt, vielleicht rette ich ein anheimelndes Ensemble. „Wohnlich" und „Gewohntes" haben denselben Wortstamm. Es sprechen also auch „kulturelle Prägungen" des Städters für Gebäude-Recycling als Beitrag zur Urbanität.

KREUZER: Gut ist schön, schön ist gut.

LÖTSCH: Sagen wir so: Der Mensch ist ein denkender und fühlender Schauer, zu dem hat ihn die Evolution gemacht. Das Erkennen von Funktionalität und Harmonie auf einen Blick hat ihn zum Erfolgstyp der Natur gemacht. Denn so werden seine Lebensumstände vorhersagbar, ermöglichen ihm Prognosen. Wir empfinden beim Anblick stimmiger Gesetzmäßigkeiten ein angenehmes Gefühl. Das gilt für geometrische Qualitäten, in höherem Maße aber für komplexere Objekte der Betrachtung, etwa die sanfte Verjüngung und Verzweigung eines Baumstammes oder die hochstrebende Gliederung einer Kathedrale. Die Funktionalisten haben scheinbar Recht, wenn sie sagen: Funktionalität ist automatisch schön. Nur ist halt die Funktionalität ungleich primitiver und unvollkommener, wenn man etwa an einen Hochspannungsmast denkt; sie hält keinen Vergleich mit der lebendigen Natur aus. Das schönste Mittelding, oder besser die gelungenste Synthese, sind der Eiffelturm in Paris oder das Palmenhaus in Schönbrunn. Deren Erbauer haben die Schönheit organischer Statik begriffen, auch wenn sie in Stahl bauten. Die „Weisheit der Natur" half ihnen auch Material zu sparen. Diese Fähigkeit sollte uns nicht abhanden kommen.

KREUZER: Herr Professor, ich danke für das Gespräch.

Geisterfahrer
auf der Keimbahn?

Gespräch mit Rupert Riedl

KREUZER: Herr Professor, Sie haben unsere vorangehenden Gespräche verfolgt. Im Großen geht es uns um den Überbegriff der *Erfindung*: von den kleinen Erfindungen, die wir von den besseren kleinen Erfindungen der Natur abschauen können, bis zu den großen Erfindungen der Natur, die wir nicht oder zumindest nicht unmittelbar auf unsere technische Welt übertragen können, also um die eigentliche Weisheit der Natur, die viel tiefer sitzt als die Tricks der Natur. Wagen wir einen Riesenschritt zu den größtdenkbaren Erfindungen, also Urknall, Urzeugung und Ursprung des Geistes. Unsere großen Mentoren haben postuliert, dass die Welt als ganze erfinderisch ist, emergent, spontan, intuitiv, fantasievoll, jedenfalls kreativ. Die Welt ist nach oben offen, keineswegs determiniert. Also gibt es eine Richtung, eine *Teleologie*, wenn man vorsichtig sein, will eine *Teleonomie*, also einen Drift oder Trend, der zumindest teleologisch aussieht. Wie kommt diese, man könnte sagen „orthogenetische" Eigenschaft in die Geschichte des Universums, also in die Evolution? Ich nenne die Namen der beiden großen Österreicher Ludwig Boltzmann und Erwin Schrödinger. Sie stehen am Anfang und im Zentrum Ihrer wichtigsten Veröffentlichungen.

RIEDL: Das ist wirklich so und ich bin sehr enttäuscht, dass dieser Zusammenhang in der Weltwissenschaft auch nach einem halben Jahrhundert noch immer nicht entsprechend erkannt und gewürdigt wird. Ludwig Boltzmann hat Anfang des vorigen Jahrhunderts die mathematisch einwandfreie Klarstellung für das damals bereits bekannte Entropiegesetz der Thermodynamik gefunden.

KREUZER: Zur Erinnerung: Der erste Hauptsatz der Thermodynamik hält fest, dass Energie nur gewandelt, aber nicht zerstört werden kann. Der zweite Hauptsatz postuliert, dass energetische Ordnung (und technische Nutzbarkeit) immer geringer, niemals größer wird. Der dritte Hauptsatz stellt dann klar, dass absolute Entropie, also auch der absolute Nullpunkt, im Gesamtkosmos nicht erreicht werden kann. Boltzmann hat dafür die Formel gefunden: $S = k \log W$, das heißt, die Entropie, mit einem veralteten Buchstaben bezeichnet, ist gleich dem Logarithmus der Wahrscheinlichkeit multipliziert mit einer Konstante, die man die Boltzmann'sche Konstante nennt. Populärer Inhalt dieser Formel: Unordnung ist wahrscheinlich, Ordnung ist unwahrscheinlich. Die Formel steht in antiquierter Form auf dem Grabstein Ludwig Boltzmanns auf dem Wiener Zentralfriedhof, Boltzmann hat sich aus Gram über die Missachtung seiner absolut richtigen Atomtheorie das Leben genommen.

RIEDL: Für die Bedeutung des Entropiesatzes im normalen Leben kann man unzählige Beispiele anführen. Ich beziehe mich gerne auf das, was man auch im praktischen Leben Unordnung nennt, also auf ein unaufgeräumtes Kinderzimmer. Da kann man Entropie mehrerer Stufen erkennen: Die Spielzeuge sind nicht im Regal geordnet, sondern zerstreut, einige sind auch kaputt, im schlimmsten Fall sind auch technische Bestandteile wie Rädchen oder Hebel zu Bruch gegangen. Wenn man aufräumt und repariert, vermindert man die Entropie des Kinderzimmers. Aber da sind wir ja schon am anderen Ende des Themas bei der Neg-Entropie, die Erwin Schrödinger durchschaut und formuliert hat. Als Nobelpreisträger für die Entwicklung der Quantenmechanik in den Zwanzigerjahren war er in der Biologie sozusagen ein Amateur. Mittels einer einfachen Umformung der Boltzmann-Formel durch einen Bruchstrich und ein Minuszeichen hat er eine gleichermaßen historische Regel in die Welt gesetzt wie Boltzmann. Er hat damit die große Frage „Was ist Leben?" in den Vierzigerjahren in einem überaus populären, weil leicht verständlichen Büchlein beantwortet, ebenso die Frage nach der Richtung der Evolution und nach dem Wesen der Kreativität. Dass die Wissenschaftswelt diese Leistung zwar unwidersprochen zur Kenntnis genommen, aber bis heute nicht entsprechend gewürdigt hat, ist eine historische Tragödie.

KREUZER: Herr Professor, Sie haben in Ihren Hauptwerken *„Die Ordnung des Lebendigen"* und *„Die Strategie der Genesis"* die Dimension Boltzmann/Schrödinger herausgearbeitet. Weniger biografisch, aber inhaltlich parallel, sind damals in den Siebziger- und Achtzigerjahren die für das Leben wichtigen Aspekte von Entropie und Neg-Entropie durchdacht worden. Vor allem auch vom Nobelpreisträger Ilja Prigogine mit seinen Erörterungen von „dissipativen Strukturen" fern vom Gleichgewicht, also vom Urknall, und von der Philosophengruppe um den Österreicher Heinz von Foerster mit dem Begriff der Autopoiese, also der Selbstregelung evolutionärer Prozesse. Schließlich von Nobelpreisträger Manfred Eigen und dem Österreicher Peter Schuster mit den Aspekten der Autokatalyse in der konkreten Form von Hyperzyklen. Allen diesen Mitdenkern war natürlich klar, dass Schrödingers Neg-Entropie-Formel die Entropie-Formel Boltzmanns keineswegs widerlegt, sondern in verblüffender Weise ergänzt.

RIEDL: Ja natürlich: Boltzmanns Formel verbietet ja nicht den Ordnungsprozess, sie stellt nur klar, dass in eincm geschlossenen System Ordnung nur dadurch aufgebaut werden kann, dass entsprechende Unordnung abgegeben wird, was in der Thermodynamik bedeutet, dass Restwärme entsteht. Das Leben als die uns besonders nahe stehende Form der Neg-Entropie – man kann auch das schönere Wort Syntropie verwenden – widerlegt also nicht den Entropiesatz, sondern überlistet ihn, ohne seine Gültigkeit in Frage zu stellen.

KREUZER: Die Wirksamkeit dieser List zusammen mit der unendlichen Sparsamkeit und der somit beeindruckenden Verschwendungsreserve führt ja auch dazu, dass das Leben, scheinbar paradox in einer Welt der Entropie, geradezu explosive Vermehrungsfähigkeiten besitzt. Leben ist „snowballing", lawinenbildend.

RIEDL: Ja, die Kreativität hat nicht nur eine qualitative Dimension nach „oben", sondern auch eine quantitative Dimension, die Vermehrung bis an die Grenzen des Möglichen.

KREUZER: Die Think tanks dieser geistig so fruchtbaren Jahrhunderthälfte sind durch die fantasie-beflügelnde Wirkung motiviert worden, die von der Entdeckung der DNS-Struktur und der Protein-Vielfalt ausgelöst worden war. Das Nachdenken über die Lebensentstehung stand daher im Zentrum. Vorerst entstand der Eindruck, man hätte ein spezifisches „Wunder" auf diesem unserem Planeten entdeckt. Jacques Monod hat mit dem bestechenden und als Buchtitel hochpopulären Slogan *„Zufall und Notwendigkeit"* die Elemente der Evolution zwar richtig dargestellt, aber den Zufall in einer so eingeschränkten Bedeutung definiert, dass sich daraus beinahe ein Beweis für die Unmöglichkeit von Lebensentstehung und Lebensentwicklung hineinlesen ließ, mit der Konsequenz, dass die Realität der Urzeugung und

Evolution auf unserem Planeten als unfassbares Unikum erschien. Monod hat das in aller Schärfe gesagt: Die belebte
Erde ist ein „Zigeuner am Rande des Weltalls". Das hin-
derte die mitdenkende Wissenschaftsgemeinschaft natürlich
nicht, über die Vor-Evolution, also die chemo-physische,
kosmologische Entstehung syntropischer Vorgänge wie auch
über das vorläufige triumphale Ende der Evolution durch
die Geistesentstehung nachzudenken. Sie, Herr Professor,
haben diese umfassende kosmologische Evolutionstheorie,
die auch die Milliarden Planeten in Milliarden Galaxien als
lebensverdächtig erscheinen lässt, besonders konsequent
vertreten. Ihre wenig beachtete Hauptidee bezieht sich auf
die erste kurze Zeit nach dem Urknall oder was immer das
gewesen sein mag. Es geht um die Symmetriebrüche.

RIEDL: Wer oder was immer den für uns erkennbaren
primären Schöpfungsakt eingeleitet hat – es mag der „Liebe
Gott" gewesen sein –, hat aus einem raum-zeitlichen Nichts
unser Universum herausplatzen lassen, ohne vorzuschrei-
ben, was sich im Einzelnen abspielen soll. Das heißt: Am
Anfang aller Evolution steht bereits der Zufall, von dem ich
meine, dass er, wenn auch „blind", die Quelle aller Kreativität
ist. Die auseinanderplatzenden Massen von Energie und
herausreifender Materie, die einen im Prinzip paritätischen
Anteil von Anti-Materie enthielt, dehnten sich erstens nicht
gleichmäßig aus, sondern bildeten durch die Gravitation
Klumpen und Klumpen von Klumpen; die vier uns bekannten Elementarkräfte Gravitation, Elektromagnetismus,
schwache und starke Kernkräfte waren vorerst noch nicht getrennt. Ehe aber die Materialisierungsprozesse in Richtung
Wasserstoffwelt mit der Konsequenz von Stern- und Gala-
xienbildung in Gang kommen, spielt sich das größte Ge-
metzel in der Geschichte unseres Universums ab: Materie
und Anti-Materie vernichten einander und verstrahlen zu
dem, was man in den Sechzigerjahren als die aus allen
Richtungen kommende *Hintergrundstrahlung* entdeckt hat.

Man sollte also glauben, dass die eben entstehende Welt noch vor dem Beginn ihrer Entwicklung sich selbst vernichtet haben müsste. Da kommt aber die essenzielle Zufälligkeit, wenn man will, die göttliche Schlamperei, als kreative Ur-Wirkung ins Spiel: Im großen Vernichtungsduell bleibt nur ein Prozent, aber eben doch ein Prozent, Materie über. Das ist die Substanz unseres evoluierenden Kosmos; es hätte natürlich auch ein Überschuss an Anti-Materie sein können, aber das wäre nicht zu bemerken: Das Minuszeichen lässt sich beliebig verschieben.

KREUZER: Was nun Ihre besondere Idee und, wie mir scheint, ein fundamentaler Beitrag zum Verständnis des Systems Entropie-Syntropie ist, liegt an Ihrer Definition der damals entstandenen Hintergrundstrahlung: Sie ist die gigantische Müllhalde des Kosmos, in der bereits am Beginn des Schöpfungsvorganges der überwältigend große Teil des Entstandenen „entsorgt" worden ist. Alle entropischen Prozesse zielen letztlich auf ein Begräbnis in der Hintergrundstrahlung. Das vorläufige Ende unseres Universums (die Explosion könnte sich ja bekanntlich auch durch Gravitation umkehren) ist eine Welt aus lauter Hintergrundstrahlung, die nach dem dritten Hauptsatz die endgültige Entropie nicht erreichen kann.

RIEDL: Ein Faust-Zitat führt zum Kern des strategischen Konzeptes, auf das ich hinaus will: „Der ganze Strudel strebt nach oben; Du glaubst zu schieben und du wirst geschoben." Tatsächlich schieben wir nicht und werden auch nicht geschoben. Was die Evolution voranbringt, was also die viel erörterte Kreativität begründet, ist und bleibt der Zufall – der reine, der blinde Zufall. Da kann man zweifellos auch eine Mephisto-Funktion erkennen: Durch den Zufall, der in der Genetik eigentlich ein Unfall ist, entsteht die Chance für das Neue, das dann natürlich durch darwinistische Auslese erfolgreich wird. Dies geschieht nicht (wie Lamarck naiv vermutet hat) durch Rückinformation über Proteinbotschaften an den DNS-Strang, sondern spielt sich im freien Wettbewerb in der *epigenetischen* Zone ab, wo sich – und das ist die eigentliche Strategie der Genesis – die Zufälle verdichten. „Epi-Genetik" heißt: Entwicklung nach dem Primär-Impuls der Gene.

KREUZER: Also wird der Unfall, das Missgeschick in der DNS-Struktur, zur Chance der Höherentwicklung: *Wir irren uns empor.* Die Außeninformation über die Vorgänge im Organismus und in der erlebten Umwelt gelangt *nicht als Geisterfahrer auf die Keimbahn.* Sie, Herr Professor, haben den Kern Ihrer Strategieüberlegung mit reichem mathematischem Material unterfüttert, das wir nicht in allen Details wiedergeben können. Sehr eindrucksvoll erscheint mir zum Verständnis Ihr Gleichnis mit den Würfeln. Einstein hat ja bekanntlich den schönen, aber, wie sich herausstellt, falschen Satz gesagt: „Gott würfelt nicht." Nach dem heutigen Erkenntnisstand muss man sagen: *Gott würfelt, und sogar systematisch.* Sein Würfelspiel ist seine Schöpfung. Die Würfel fallen nach jeder Generation des Lebendigen im epigenetischen Schicksal der Irrtums-Produkte. Nichts ist dabei vorausbestimmt, alles ist „nach oben" offen.

RIEDL: Der Erfolg hängt mit der systematischen Strategie der Chancenverengung zusammen. Mein Beispiel mit den Würfeln geht von der Annahme aus, dass die Würfel von einem Wurf zum anderen quasi mit Gummibändern miteinander verbunden werden. Ein so entstehender Superwürfel, der alle oder viele Sechser an der Außenseite hat, konzentriert die Chance, dass etwas Nützliches entsteht.

KREUZER: Ich muss nun das Problem noch weiter komplizieren: Wenn man den Lamarckismus konsequent ablehnt, also die Doktrin August Weismanns anerkennt, dass die DNS Proteine erzeugt, dass aber Proteine nicht auf die DNS zurückwirken, und wenn man im Sinne der Einigung zwischen Lorenz und Popper im Altenberger Kamingespräch überzeugt ist, dass nicht nur die Ontogenese, also das Schicksal des einzelnen Lebewesens, sondern auch die Phylogenese, also die ganze Somatik und Physiologie der Gattung, genetisch determiniert ist, wird es schwierig, diese Fülle von „Aprioris" in den frühesten und somit kleinsten Genstrukturen unterzubringen – vor allem dann, wenn man sich die nobelpreisgekrönte Lorenz-Erkenntnis von der genetischen Fixierung aller wichtigen Verhaltensweisen und Welterwartungen vor Augen hält.

RIEDL: Das ist sicher ein Gegenstand weiterer Nachdenkens. Im Prinzip kann man aber davon ausgehen, dass die Wechselwirkung von Mutationen, epigenetischen Verdichtungen und darwinistischer Auslese Schicht für Schicht die höhere Komplexität der Organismen und ihres Leistungsrepertoires aufbaut.

KREUZER: Das ist natürlich ein dickes Ding. Ich erinnere mich an den Beitrag eines skandinavischen Kollegen bei der Feier zum hundertsten Lorenz-Geburtstag: Ein Kuckuck schlüpft aus dem Ei, das in einem fremden Nest liegt, erhält also kaum Belehrungen von seinen Stiefeltern, wirft instinktiv seine Stiefgeschwister aus dem Nest, lässt sich dickfüttern und fliegt davon, ohne das Fliegen gelernt zu haben. Zur rechten Zeit fliegt er auf einer fixierten Route in den Nahen Osten, zieht eine genau vorbestimmte Kurve nach Afrika, überwintert dort, fliegt ebenso planmäßig zurück, sagt „Kuckuck!", sucht sich einen Partner und legt zuletzt wieder ein Ei in ein fremdes Nest. Das alles war in seinem Genom vorprogrammiert. Da wird einem ja angst und bang, wenn man erklären soll, wie das geht – noch dazu, wenn durch Popper und Lorenz alle Aposterioris apriorisiert sind; übrigens auch alle Analogien homologisiert.

RIEDL: Schließlich ist alles Weiterentwickeln ein *Herumpro-bieren*. Von Generation zu Generation wird dieses Probieren eben komplizierter, allerdings eingeengt und somit für die darwinistische Auslese eher akzeptabel gemacht. Man muss dabei die langen Zeiträume beachten: In Hunderten Millionen Jahren ist Zeit für die Entfaltung. Dabei wird der Zufall, also der blinde Zufall, im besprochenen Sinn gebändigt. So kann immer höhere Komplexität zustande kommen. Man darf ja nicht vergessen, dass das Erfolgreiche nicht nur überlebt, sondern sich auch vermehrt. Was ein Zufall war, wird durch Erfolg und Vermehrung eine Systemanleitung oder gar ein Naturgesetz. Bei jeder dieser Fragen muss man eben die epigenetische Einengung des Zufalls und die im genetischen Bereich wichtige Rückwirkung, das Feedback, bedenken.

KREUZER: Also das, was auch *„downward causation"* genannt wurde. Der wichtigste Bereich dieser Evolutionsvorstellung scheint mir in der Popper'schen Drei-Welten-Theorie zu liegen: Welt eins, die organische Natur, bringt interessanterweise nicht direkt die Welt zwei hervor, das hohe menschliche Bewusstsein, den Geist; diese Welt zwei entsteht vielmehr durch die vorausgehende Kreation der Welt drei, nämlich der menschlichen Zivilisation, Kultur und insbesondere der Sprache. Die Sprache ist es dann, die rückwirkend das menschliche Ich entstehen lässt. Also ein ideales Exempel für downward causation – nicht *„bottom up"*, sondern *„top down"* – im epigenetischen Raum in dem Spitzenbereich der Evolution, der uns besonders interessiert: Hirn macht Sprache, Sprache macht Hirn.

RIEDL: Was ich bei diesem Thema hervorheben möchte – Sie haben es bereits getan –, ist der Mechanismus der Epigenese. Ich habe in meinem wissenschaftlichen Leben damit einigen Ärger gehabt. Etliche Leute, die eigentlich gescheit sein sollten, haben das, was ich geschrieben habe, weder gründlich gelesen noch verstehen wollen. Man hat mich paradoxerweise als „Lamarck durch die Hintertür" bezeichnet. Das Gegenteil ist der Fall, wie wir gründlich erörtert haben. Ich bin überzeugt und vertrete den Standpunkt, dass es eben keine „Geisterfahrer auf der Keimbahn" gibt. Ich bin im Besonderen kein Journalist und lasse mir daher auch keine Strafmandate aufbrummen. Über die Epigenese wird natürlich noch viel zu reden sein. Der Umstand, dass manche Biologen nicht wahrnehmen wollen, dass das genetische Material aus seinen Produkten lernt – auf ganz und gar darwinistische Weise, also durch Selektion der Produkte des epigenetischen Prozesses –, läuft ja nicht einfach auf eine akademische Querele hinaus, sondern auf Diskrepanzen im Weltverständnis. Entwicklung beruht nun einmal auf Wechselbeziehung und nicht auf linearer Kausalität.

KREUZER: Ich kann Ihnen noch ein letztes kritisches Kapitel nicht ersparen. Es geht dabei um das, was man Harmonie nennt. Man muss ja nicht die Gaia-Hypothese vertreten, die unseren ganzen Planeten als Gesamtlebewesen betrachtet. Wohl aber ist alles Leben auf dieser Welt offenkundig wechselweise verknüpft und hat sich daher in einer Co-Evolution entwickelt. Die Beziehungen können feindlich sein: Tier frisst Pflanze, Räuber frisst Beutetier, die Opfer wehren sich, so gut sie können. Viele Beziehungen sind allerdings kooperativ: Blüten geben Honig und lassen dafür ihre Pollen transportieren. Viele Kleinlebewesen leben parasitär, sind aber als Mitbewohner von Organismen auch unentbehrliche Partner. Daraus ergibt sich aber die Frage: Was weiß das Genom eines Lebewesens über das Genom eines anderen, mit dem es in positiver oder negativer Beziehung steht? Nur zwei Beispiele von unzähligen: Wie findet die genetisch programmierte Produktion von Gift heraus, wie die ebenso genetisch bedingte physiologische Struktur beschaffen ist, die sie vergiften will oder vor der sie sich in Schutz nimmt? Ganz grotesk: Wie hat der Fetzenfisch gelernt, seine Flossen so zu verwandeln, dass er von den umgebenden Algen nicht zu unterscheiden ist?

RIEDL: Ich sehe das relativ einfach: Die Organismen haben über endlos lange Zeiträume herumprobiert, alle nicht passenden Versuche sind fehlgeschlagen und haben keinen Überlebens- oder Vermehrungseffekt gehabt, die passenden haben sich durchgesetzt. Bei besonders wunderbar erscheinenden Mimikri-Kunstwerken kann man allerdings sagen: *„Is' a Wunder, is' ka Wunder. Is' ka Wunder, is' a Wunder"* (Nestroy).

KREUZER: Ich will jetzt zum Schluss nicht noch den alten Leibniz strapazieren, der mit seiner Monaden-Theorie die Möglichkeit erörtert hat, dass alle Elemente der Welt, natürlich auch alle Lebewesen, alles über die ganze Welt wissen. Die Frage nach dem Zusammenpassen dieser unendlich vielen Welten hat er mit dem Gedanken der „prästabilisierten Harmonie" beantwortet. Heute sind wir natürlich der Meinung, dass die erkennbare Harmonie nicht prästabilisiert, sondern poststabilisiert ist; sie sieht nur so aus, als ob sie prästabilisiert wäre. Beachtlich ist ein neuer Gedanke, der sich von der nobelpreisgekrönten Erfindung der Holografie herleitet. Diese beruht darauf, dass jeder Punkt eines Bildes das ganze Bild enthält und dadurch einen räumlichen Eindruck erzielt. Vielleicht gibt es also doch eine aus der Tiefe der Evolution heraufwirkende Allinformation, die manche Harmonien erklärt. Mir kommt da eine schöne jüdische Legende in den Sinn, die besagt, dass es einen „Engel des Schweigens" gibt. Dieser tritt an jedes neugeborene Kind heran und drückt ihm den Finger auf die Lippen, sodass die liebenswürdige Furche unter dem Näschen entsteht. Das Ergebnis: Das Kind darf nichts über das sagen, was es von der Welt weiß, nämlich *alles*.

RIEDL: Da habe ich nur noch zur bewundernswert schönen Assoziation zu gratulieren.

KREUZER: Herr Professor, ich danke Ihnen für das Gespräch.

Gen-Genie, Protein-Fantasie

Gespräch mit Franz Wachtler

KREUZER: Herr Professor, es ist uns klar, dass der Themenbogen unserer Gespräche, von der Bionik ausgehend, unter der Devise der Erfindung steht. Erfindung – das heißt das In die-Welt-Kommen des Neuen. Der Gedankengang unserer Gespräche bewegt sich von den technisch anwendbaren, also im engeren Sinne des Wortes bionischen Tricks der Natur in Richtung auf die nicht ganz so leicht umsetzbare Weisheit der Natur (die ja die eigentliche Devise der Expo 05 in Nagoya ist). Da fällt mir zum Start eine etymologische Beobachtung über das allumfassende Wort „Natur" ein. Zur Bezeichnung der kosmologisch-physikalisch-chemisch-biologisch und schließlich erkenntnistheoretischen Gesamtheit unserer Realitätsforschung ist ein Wort als umfassender Begriff etabliert worden, das sich auf die Geburt, also auf das weltumfassende kreative „Gebären" bezieht, auf das fantasievolle *Erfinden*. „Natur" kommt vom lateinischen „natus" – „geboren". Ihr Fach, die Embryologie, ist also das Zentrum der Gesamtwissenschaft von dieser Welt.

WACHTLER: Wenn man die ältesten Texte, die der Menschheit bekannt sind, unter diesem Aspekt betrachtet, findet man, etwa in den Psalmen, ein ganz klares naturwissenschaftliches Konzept des Prozesshaften. Wohin man auch blickt, findet man das Prinzip der *Entwicklung*, des „Sich-Entwickelns".

KREUZER: Auch „Evolution" beziehungsweise „Entwicklung" besagen ja, dass etwas „ausgewickelt" wird – also etwas, das schon da ist.

WACHTLER: Die Natur ist als Ganzes „geboren worden" – das ist eine so augenfällige Beobachtung, dass sie wahrscheinlich zu den ersten Beobachtungen zählt, derer sich die Menschheit überhaupt bewusst wurde. Das Geborenwerden, das Entwickeln, ist das Grundphänomen unserer gesamten Existenz…

KREUZER: … auch der vor-biologischen und, wenn man fantasievoll sein will, der nach-geistigen.

WACHTLER: Dieser Prozess geht mit einer Steigerung der Komplexität einher.

KREUZER: Das Wort „Natur" ist also somit auch eine Parole, die den Menschen und vielleicht auch vielen Wissenschaftlern gar nicht ständig bewusst ist. Natur – das ist, wie schon eingangs hervorgehoben, das Erfinden des Erfindens. Sie haben Ihr Fach, die Embryologie, als „Werkstätte der Evolution" bezeichnet.

WACHTLER: Übergehen wir vorerst die kosmologische Herleitung. Mir ist wichtig, dass die Embryologie nicht einfach auf den Zeitraum zwischen Zeugung und Geburt reduziert wird. Eine Reihe äußerst wichtiger Entwicklungsphänomene zeigt sich erst nach der Geburt. Die Geburt ist selbstverständlich eine ganz wichtige Zäsur, aber wir wissen heute, um nur ein Beispiel zu nennen, dass das Kleinhirn (es enthält so viele Hirnzellen wie das gesamte Großhirn) erst im zweiten Lebensjahr seine volle Funktionsfähigkeit erreicht. Das bedeutet – warum, können wir noch erörtern –, dass neugeborene Kinder noch nicht laufen können; nicht, weil sie's noch nicht „gelernt" haben, sondern weil sie's noch nicht haben lernen können – mangels entsprechender Hirnstruktur.

Ein weiteres wichtiges Beispiel ist die Lunge. Die Alveolen, die Organe zum Luftaustausch, sind bei der Geburt noch nicht entwickelt; diese Entwicklung wird erst mit dem achten Lebensjahr abgeschlossen und man sollte daher Kinder unterhalb dieses Alters bei sportlichen Aktivitäten nicht überfordern.

KREUZER: Womit atmet dann das neugeborene Kind nach dem ersten Klaps auf den Hintern?

WACHTLER: Mit so genannten Terminal-Säcken, die ähnlich funktionieren wie Alveolen, aber eben noch nicht voll leistungsfähig sind.

KREUZER: Da ist es notwendig, nach der interessanten Theorie des Engländers Adolf Portmann zu fragen, der aus dem Vergleich der höheren Säugetiere, die zum Unterschied etwa von den Vögeln keine „Nesthocker", sondern „Nestflüchter" sind (ein neugeborenes Reh steht wackelig auf und läuft mit dem Rudel davon), den Menschen als „unechten Nesthocker" bezeichnet. Das Baby sollte nicht neun, sondern etwa achtzehn Monate im Mutterleib heranwachsen, das geht aber nicht, weil das Gehirn dann eine Schädelgröße erfordern würde, an die sich das weibliche Becken nicht mehr anpassen kann. Übrigens ist das auch die Erklärung für die Schmerzbelastung der Menschenfrauen, nur mühsam zurückmotiviert durch den biblischen Fluch als Strafe für die „Erbsünde". Unsere Frauen gebären an der *Schmerzgrenze*. Der Evolution ist es durch Verkürzung der Austragezeit gerade noch gelungen, an dieser Schmerzgrenze entlang zu schrammen. Portmann bezeichnet daher die ersten neun Lebensmonate als „extrauterine Embryonalzeit".

WACHTLER: Das ist auch genau meine Ansicht. Der Schädelumfang limitiert die Durchtrittsmöglichkeit. Ich würde sogar den Begriff „extra-uteriner Embryo" weiter fassen. Ich sage meinen Studenten zu diesem Thema: Im soziologischen Bereich gilt die Feststellung, dass unsere Akademiker mit verschiedenen Übergangsstufen erst mit dem Abschlusszeugnis „erwachsen" werden.

KREUZER: Dieser evolutive Prozess im Entstehen des Embryos setzt sich ja ins ganze Leben fort: Wachstum nach recht genauen Zeitplänen, organischen Abstimmungen und Symmetrien bis zu einer programmierten Erwachsenen-Grenze, aber lebenslanges, zeitlich verschieden differenziertes Wachstum von Haaren und Nägeln und überhaupt permanenter Austausch aller Billionen Zellen mit Ausnahme der Nervenzellen: Wir sind bekanntlich alle paar Jahre ein anderer, eine andere, ohne es zu merken.

WACHTLER: Ich würde dazu eine vielleicht häretische Gesamttheorie anbieten: Unser ganzes Leben ist ein Entwicklungsvorgang, letztlich auch der nicht durch Krankheit oder Trauma verursachte Tod *ist ein biologischer Prozess.*

KREUZER: Also der Abschluss eines lebenslangen Mechanismus, den man *Apoptose* nennt, programmierten Zelltod. Schon im Embryo stirbt ein großer Teil von „antiquierten" Geweben ab, etwa die Ansätze zu Schwimmhäuten zwischen den Fingern oder die kurzfristige Behaarung. So geht das dann weiter bis zur Schrumpfung der Kollagen-Stützen, die Haut und Muskeln „jung" erhalten. Die am weitesten gehende Theorie: Alle Zellen haben ein eingebautes Apoptose-Signal und werden nur durch ermutigende Botschaften ihrer Umgebung vom „Selbstmord" abgehalten.

WACHTLER: Hart gesagt: Wir entwickeln uns zielgerichtet auf das Grab hin. *Der Tod lebt ständig mit uns …*

KREUZER: … und ist daher auch eine *Triebkraft des Lebens.*

WACHTLER: Er ist für das Leben, für das evolutive Leben, erforderlich. Die Vorstellung eines ewigen Lebens im physischen Sinn – ich enthalte mich jeder religiösen Glaubensvermutung – ist eigentlich entsetzlich. Die unaufhebbare Begleiterscheinung der Unsterblichkeit wäre eine grausame, eben naturwidrige Folter durch grenzenlose Langeweile: eine Horrorvision.

KREUZER: Wir werden noch auf die größten Errungenschaften der Evolution zurückkommen. Neben dem Tod ist es natürlich die Liebe, die Sexualität. Ihre auf wertvoller realer Erfahrung beruhende Beobachtung des Erwachsenwerdens darf evolutionstheoretisch ergänzt werden. Ja, der Mensch lässt sich Zeit in seiner Lebensentwicklung, aber er hat auch mehr Zeit als vergleichsweise höhere Säugetiere. Das gründlich besprochene Thema der „extrauterinen Embryonalzeit" markiert ja auch einen unglaublichen Vorteil bei der geistigen Entwicklung…

WACHTLER: …wie schon gesagt, kann man diesen – auf Kosten der Gebärschmerzen – erworbenen vorteilhaften dramatischen Einschnitt nicht hoch genug einschätzen. Anerkannte Grundregel: *Alles, was früher ist, ist wichtiger.* Beim Baby ahnen wir ja gar nicht, wie sehr der sprachliche Kommunikationsvorteil zu einem Lebensvorteil wird. Das ist die eine Seite des anthropologischen Evolutionsvorteils, der natürlich rückgekoppelt wird…

KREUZER: …und am anderen Ende kommt der auch kritisch zu bewertende Reifungsprozess dessen, was wir neuerdings das „lebenslange Lernen" nennen, hinzu.

WACHTLER: Ich möchte, ehe wir in weitere Details kommen, zum Grundthema der „Erfindungen", also vor allem der fundamentalen Innovationen, zurückkommen. Im Gedankensprung zu generellen Problemen der Evolutionstheorie: Das Neue entsteht sicherlich im Bereich der DNS, also in der Keimbahn. Man darf nur nicht einfach von dem Postulat ausgehen, dass sich eine Erfindung in einer einzigen, an sich sinnlosen Mutation durchsetzt. Es liegt offenkundig in der eigenen kreativen Kraft der Keimbahn, dem entstehenden Organismus Varianten anzubieten, indem sich das zeitliche und örtliche Expressionsmuster verändert. Das hat bedeutende Veränderungen der organischen Planung und damit des „Phäns" zur Folge, die natürlich der darwinistischen Selektion unterliegen. Ein markanter Beispielsfall: die Entwicklung der Hirnrinde, also des zumindest uns selbst als am wichtigsten erscheinenden Organs. Wir haben mit unserem nächsten Artverwandten, dem Schimpansen, mehr als neunundneunzig Prozent des Erbgutes gemeinsam; trotzdem ist ein Schimpanse ein wesentlich anderes Lebewesen als der Mensch. Ein wesentlicher, vielleicht entscheidender Unterschied ist der, dass sich in der Embryonalentwicklung – das nenne ich die „Werkstatt der Evolution" – die äußersten Ganglienzellen der Hirnrinde *um ein Mal öfter verdoppeln.*

KREUZER: Das ergibt ja mit nur einem einzigen Knopfdruck – verglichen mit einem Mausklick am Computer – eine Potenzierung des Intelligenzvolumens.

WACHTLER: Ja, und das ist ohne Einfluss von außen beziehungsweise *ohne irgendein Rückkommando* aus dem Proteinbereich innerhalb der DNS entstanden.

KREUZER: Ehe wir zu diesem Kernpunkt des Evolutionsproblems zurückkehren noch eine abschließende Frage zur Embryologie. Es geht um die Haeckel-Theorie von der Wiederholung der phylogenetischen Evolution in der ontogenetischen. Also: Der Embryo vollzieht die Geschichte aller seiner Vorfahren und Vorfahrens-Arten im „Zeitraffer". Das kann so natürlich nicht stimmen, aber vielleicht ist grundsätzlich etwas dran.

WACHTLER: Es ist unbestritten, dass wir mit anderen Lebewesen einen Teil unseres DNS-Materials gemeinsam haben. Haeckels Vorstellungen gehen allerdings viel zu weit und sind widersprüchlich. Ein Beispiel: Die Plazenta, der Mutterkuchen, entwickelt sich in der Evolution des Menschen relativ früh, ist aber in der Evolution des Lebens eine sehr späte Erfindung…

KREUZER: … die Plazenta tritt an die Stelle des Eierlegens…

WACHTLER: Ja, nach Haeckel müsste sich die Plazenta spät entwickeln. Das ist aber nicht der einzige Widerspruch. Was immer in der Embryonalentwicklung an die Artenentwicklung erinnern mag, entscheidend bleibt: Der menschliche Embryo ist zu jeder Entwicklungszeit als menschliches Wesen zu erkennen und bleibt dabei unverwechselbar. Man muss aber Haeckel zugestehen, dass das menschliche Erbgut selbst Gegenstand und „Werkstätte" der Entwicklung war. Das zeigen uns zum Beispiel die Entwicklungs-Kontrollgene. Sie sind bei Menschen wie bei Insekten vorhanden, demonstrieren aber den gewaltigen Abstand. Wir sind zweifellos mit der gesamten lebendigen Umwelt verwandt. Die Lebewesen bzw. ihre Gattungen sind nicht, wie etwa Aristoteles noch geglaubt hat, aus dem Nichts hervorgegangen.

KREUZER: Haeckel ist nur einer, wenn auch zweifellos ein bedeutender Patient der Wissenschaftsgeschichte. Ein anderer, noch tiefer in der gleichen Thematik, ist Darwins Vorgänger Lamarck, den Darwin selbst anerkannt hatte, der sich aber in der späteren Diskussion als Gegenspieler erwies. Der Giraffenhals ist nicht deshalb immer länger geworden, weil die Gene über die Höhe des Futters und den Fressvorteil informiert wurden, sondern weil die jeweils zufällig längerhalsigen Vor-Giraffen mit Erfolg und damit Vermehrungsvorteil belohnt und zur Aufkreuzung animiert wurden. Was bleibt – wir haben es schon am Beispiel Schimpanse/Mensch andiskutiert – ist die umfassende Frage, wie sich die Mutationen im DNS-System durch ihre zufälligen Veränderungen und insbesondere Kreuzungen an die Gegebenheiten der Organismen, der Umwelt und insbesondere auch der anderen Lebewesen in dieser Umwelt angepasst haben. Verdichtete Frage: Sind alle Zufälle zumindest vorerst nur Unfälle oder können sie, vor allem im Verbund, auch Einfälle sein? Der Entscheidungsbereich ist wieder die „Werkstätte" der Embryologie und die sich verengende und rückgekoppelte Wirksamkeit der epigenetischen Szene. Als unbestritten gilt dabei die nach August Weismann benannte Doktrin, dass die DNS Proteine produziert, die Proteine aber niemals auf die DNS als Informanten zurückwirken können. Dies obwohl die Proteine millionenfach reicher kombiniert werden können als die DNS. Eine ganz neue Wissenschaft, die Proteonik, befasst sich damit. In diesem Zusammenhang auch die PrimärFrage: Wie verlängert sich die DNS überhaupt?

WACHTLER: Zur Frage des Lamarckismus möchte ich bewusst einen, wenn Sie so wollen, agnostischen Standpunkt einnehmen. Es ist bis jetzt kein Mechanismus entdeckt worden, nach dem ein Individuum seine eigene DNS modifizieren kann. Wenn man's im Computer darstellen will: Die DNS ist kein „self-modifying code".

KREUZER: Also, wenn die Proteine etwas sagen wollten, hätte die DNS kein Ohr dafür.

WACHTLER: Dieses „Ohr" ist jedenfalls noch nicht gefunden. Was die Verlängerung der DNS zu einer milliarden-teiligen Doppelspirale anlangt, gibt es zumindest interessante Phänomene. Die DNA-Länge hat im Laufe der Evolution zugenommen, aber nicht kontinuierlich. Es gibt Lebewesen, etwa

Insekten, die eine wesentlich längere DNS im Zellkern haben als wir …

KREUZER: … wobei ja zumindest hoch oben in der DNS-Verlängerung an die neunundneunzig Prozent Müll sind, also genetisch funktionslose Information.

WACHTLER: Dagegen verwehre ich mich ein wenig. Die Funktionen der DNS-Abschnitte, die als „Müll" bezeichnet werden, sind nicht bekannt, das sagt aber nicht, dass diese großen Teile der Keimbahn funktionslos sind. Es ist nicht nur möglich, sondern wahrscheinlich, dass diese auf den ersten Blick funktionslose DNS wichtige biologische Funktionen hat. Ich betrachte daher auch das ambitiöse Vorhaben der vollständigen Kartierung der menschlichen DNS als fragwürdig. Wir kennen jetzt alle Gene des Menschen, also alle zu einem bestimmten Zweck verbundenen DNS-Gruppierungen. Aber über die Steuerungsmechanismen, die möglicherweise mit der „stummen" DNS zusammenhängen, wissen wir nicht viel.

KREUZER: Also, in diesem großen „Müllhaufen" hat noch niemand so richtig gestochert.

WACHTLER: Da stecken noch einige Nobelpreise drin.

KREUZER: Sie stehen aber fest auf dem Boden der Weismann-Doktrin: Kein Protein-Einfluss auf die DNS, die die Proteine hervorbringt, auch nicht bei der Verlängerung.

WACHTLER: Da bin ich persönlich engagiert. Ich habe zusammen mit einem TU-Professor eine Arbeit vorgelegt, die gezeigt hat, dass man die Wirksamkeit der DNS-nahen Enzyme einbeziehen muss – das sind auch Proteine, die aber mit dem Organismus und der Außenwelt nicht in Verbindung stehen. Diese Enzyme modifizieren die DNS und erzeugen dabei das, was man in der Computer-Urgeschichte eine Turing-Maschine bezeichnet hat, also einen universellen Computer. Das heißt auch: Die DNS ist ein *nach oben offenes System*, das sich verlängern, aber auch verkürzen kann.

KREUZER: Ein „offenes System" – das hätte Karl Popper gerne gehört, für den ja das Universum ein nach oben offenes System ist. Auch Konrad Lorenz hat ihm begeistert zugestimmt. Aber davon später mehr. Ich glaube, wir haben auch einiges erarbeitet, das den Erfindungsreichtum der Natur zwar nicht durchschaubar, aber als Ganzes einleuchtender macht. Sauber abgrenzen lässt sich dabei die genetisch nicht weiter fragwürdige, eindeutig epigenetische Weiterentwicklung von Drifts, Trends, jedenfalls Potenzialen und Neigungen, die die einmal eingeschlagene Richtung einengend bestätigen beziehungsweise die einmal entstandene innovative Idee weiterentwickeln. Insoferne lässt sich die manchmal sehr rasche Entfaltung der Formen am Beispiel der menschlichen Zuchterfolge klarmachen. Innerhalb von einem Dutzend Generationen erzeugt der Züchter durch bloße Kreuzung extremer Abweichungen ein Hündchen für die Handtasche und eine Riesendogge, auf der man nach Hause reiten kann. Was noch schwerer zu verstehen ist: Wie züchtet man kernlose Früchte?

WACHTLER: Zum Teil sind kernlose Früchte nicht kernlos, sondern die Kerne sind auf dem Zuchtweg sehr klein geworden. Zweitens kann man Nutzpflanzen auch mit Setzlingen oder durch Pfropfen fortpflanzen und vermehren, was aber keine großen evolutionären Perspektiven ergibt.

KREUZER: Ein Gedanke im epigenetischen Evolutionsbereich scheint mir noch beachtenswert: Das, was Gerald Edelman aus der nobelpreisgekrönten Entschlüsselung des Immunapparates geschlossen hat. Immunproteine gestalten sich ohne detaillierte DNS-Anweisung in fantastisch komplizierter Weise selbst, werden dann ebenso kompliziert aussortiert, bleiben aber so vielfältig, dass sie mit den ununterbrochen mutierenden Bakterien und Viren zurechtkommen: Der Protein-Zufallstreffer, der stimmt, vermehrt sich dann explosiv. Edelman will nun diese sekundäre Evolutionsfreiheit auf das unendlich vernetzte Gehirn anwenden. Sein Gegner, der DNS-Nobelpreisträger Francis Crick, sagt dazu: Das ist kein Darwinismus, sondern ein Edelmanismus.

WACHTLER: Edelmans Nobelpreis ist wirklich verdient, auch in Bezug auf die theoretische Bedeutung unseres Themas. Die Modifikationsfreiheit des Immunsystems hat nämlich auch im Innersten eine autonome Position: In Immunzellen gibt es wirklich eine Ausnahme von der allgemeinen Konstanz der DNS. Immunzellen können die DNS rekombinieren wie in einem Lego-Baukasten. Insoferne hinkt allerdings die elegante Analogie zum Gehirn oder zu verschiedenen anderen somatischen Bereichen, denn die Ausnahme des Immunapparates hat sich eben bisher als Ausnahme erwiesen. Unabhängig davon kann man natürlich festhalten, dass das Gehirn, im Besonderen das des Menschen, eine verblüffend große Plastizität hat.

KREUZER: Herr Professor, ich habe mir vorgenommen, Sie zum Abschluss nach Ihrem ganz persönlichen Urteil über die Bedeutung der zahllosen „Wunder" in Ihrem eigentlichen Arbeitsgebiet zu fragen. Wir müssen uns dabei beschränken, denn wir haben ja miteinander in vierzig Fortsetzungen die Embryo-Geschichte des Jahrtausendbabys Milli mit zahllosen Bezugnahmen auf die „Erfindungen" bei der Menschwerdung geschildert und könnten daher ins Plaudern kommen. Die beiden größten Erfindungen haben wir schon erörtert: den Tod und die Liebe – wenn man will, auch umgekehrt gereiht. Ich habe die Erfahrung gemacht, dass die Menschen am meisten interessiert, inwiefern ein heranwachsender Embryo „schon ein Mensch" ist.

WACHTLER: Der Ordnung halber schicke ich voraus, dass vor allen Wundern der Embryonal- und Lebensentwicklung das *Wunder des Anfanges* steht, also die Selbstorganisation von DNS in einfachster Form, wahrscheinlich auf dem Weg über die RNS, die nun ihre Blaupause ist. Auch die einzelne Mensch-Entwicklung startet mit dem größten Wunder, nämlich den Zeugungsvorgängen in der Eizelle. Für Interessenten biete ich ein Fachbuch an. Was Sie aber an emotionellen Interessen mit Ihrer Frage thematisiert haben, dürfte gerade die Frage nach Emotionen sein – also die Frage: Wann wird der Embryo ein Mensch?

KREUZER: Vermutlich nicht an einem bestimmten Tag.

WACHTLER: Wir haben schon über die Plastizität des menschlichen Gehirns gesprochen. Studiert man die Hirnentwicklung in der Evolution, so stellt man fest, dass verschiedene Strategien ausprobiert worden sind. Im Gehirn etwa einer Heuschrecke sind die Verknüpfungen einfach, invariant, ähnlich wie in einem Computer. Die Entwicklung zum Menschenhirn öffnet Anpassungsfähigkeiten auch während der Embryonalentwicklung und selbstverständlich danach. Aus der Plastizität wird später das Lernvermögen.

KREUZER: Das Sprechvermögen ist vollständig angeboren, die Sprache erlernt man – egal ob Chinesisch oder Kisuaheli. Überhaupt ist die Fähigkeit zum Lernen angeboren, lernen muss man trotzdem.

WACHTLER: Ja, das Gehirn ist kein „leerer Kübel", wie Popper sagt. Was aber das Interesse am Gefühlsleben der Embryonen anlangt, ist es wirklich schwer, eine eindeutige Antwort zu geben. Dass Embryos strampeln oder Daumen lutschen, ist bekannt. Es muss sie wohl auch freuen. Ansonsten kann man generell vermuten: Wenn es der Mutter gut geht, geht es auch dem werdenden Kind gut – und leider auch umgekehrt. Wie fein das seelische Miterleben strukturiert ist, zeigen Experimente mit Musik. Embryos eines gewissen Alters reagieren auf Musik.

KREUZER: Neuerdings ausprobiert: Sie merken sich sogar Melodien und Rhythmen und bevorzugen als Neugeborene die bereits erlebte Musiknummer. Da drängt sich auch die Frage auf, ob Embryos träumen.

WACHTLER: Das ist zu vermuten, jedenfalls ist klar, dass sie abwechselnd wachen und schlafen. Da man die Hirnströme von Embryos messen kann, findet man auch Hinweise auf Schlafrhythmen, die beim geborenen Menschen Traum-Markierungen anzeigen.

KREUZER: Man kann sich vorstellen, dass das Träumen, analog zum Zappeln und Daumenlutschen, geradezu notwendig ist, um Funktionen einzuüben – ein „Trockenskikurs". Es ist ganz sicher schwer, auch nur zu ahnen, was der Trauminhalt sein könnte: diffuse Vorwegnahmen, also Erwartungen von späteren Sinneseindrücken, Auseinandersetzungen mit Körpergefühlen, wie sie auch bei Erwachsenen als Traummotiv häufig sind; schließlich kann man in Anbetracht der Sicherheit einer komplexen Verhaltensprogrammierung im Sinne von Konrad Lorenz auch irgendwelche „geerbte" Quasi-Erlebnisse vermuten.

WACHTLER: Dazu kann ich nur meine persönliche Einschätzung kundtun. Ich bin mir ziemlich sicher, dass vor allem in den letzten Wochen der Schwangerschaft regelmäßig geträumt wird, ja dass damit sogar eine wichtige Funktion in Gang gesetzt oder trainiert wird. Träume sind jedenfalls bei Säuglingen, Kindern und natürlich bei Erwachsenen gesundheitlich notwendig. *Wer nicht träumt, ist ernsthaft krank.*

KREUZER: Man nimmt ja auch an, dass die Traumlosigkeit infolge Alkoholvergiftung Delirien verursacht, also Wachträume, bei denen die im Traumschlaf wirksamen Filter wegfallen, sodass sie als zumeist quälende Halluzinationen erlebt werden. Ich zitiere in diesem Zusammenhang eine noch weitere unbeweisbare Vermutung: Die Träume der Erwachsenen sind eigentlich eine übergebliebene Gewohnheit aus der Embryonalzeit.

WACHTLER: Der Erwachsene hat wie das Kind und wahrscheinlich wie der Embryo ein starkes Bedürfnis, im Schlaf Erlebnisse aufzuarbeiten oder zu erwartende Erlebnisse vorzubereiten. Er kann sich auch bestimmte Trauminhalte wünschen, wenn er starke suggestive Energie aufwendet.

KREUZER: Also eine billige Kinokarte. Das wäre ein hübscher Schluss unseres interessanten Gespräches, aber mir kommt da das allerwichtigste Thema in den Sinn, mit dem wir uns schon vor Jahren herumgeschlagen haben: Wo sitzt die Zeit? Wo im Organismus? Wo im Hirn? Hat es da in den letzten Jahren etwas Neues gegeben?

WACHTLER: Ich habe selbst an diesem Superthema gearbeitet und weiß ein bisschen mehr: Es ist so, dass es zumindest drei Uhren in der gesamten Natur gibt, wobei ich von den leicht erkennbaren astronomischen Uhren absehe: Die erste Uhr ist der Zell-Zyklus; biologische Phänomene werden in Zell-Zyklen gezählt. Eine Blutstammzelle teilt sich in einem Zyklus sechzehn Mal, dazu braucht sie 72 Stunden. Zellzyklen werden von Proteinen gesteuert; das wäre also die „Uhr". Allerdings wird auch die Vermehrung dieser Zeitproteine geregelt; dahinter muss also noch eine Uhr stehen. Der zweite Zeitzyklus sitzt im Gehirn und hat einen erkennbaren Rhythmus von drei Sekunden – also einen „Augenblick". Als Zeitgeber kann man sich eine geschlossene Neuronenkette vorstellen, die für einen Durchlauf eben drei

Sekunden benötigt; aber auch da muss man wieder eine Hintergrundsteuerung vermuten. Der dritte Zyklus ist im engeren Sinn embryologisch zu verstehen: Das ist der Zeitraum eines „Fensters" in der Embryonalentwicklung. Wenn das „Fenster" verpasst wird, wäre ein Entwicklungsschritt verpfuscht; das passiert allerdings bei gegebener Gesundheit nicht und auch hier muss man eine weitere Hintergrundsteuerung vermuten.

KREUZER: Also, die innersten Uhren, die jedenfalls zu jeder Zelle gehören müssen, sind noch immer verborgen. Man vermutet, dass sie nicht im Zellinneren, sondern an den Zellmembranen wirksam werden, also ein System von Boten-Proteinen und Rezeptoren, die wiederum Proteine sind. Wenn wir das Geheimnis der allerinnersten Uhren und damit das Geheimnis der psychologischen Zeit enthüllen wollen, müssen wir wohl die gesamte lebende Natur, auch die Pflanzen, einbeziehen; deren regelmäßige Reaktionen sind ja sprichwörtlich.

WACHTLER: Bei den Pflanzen wissen wir neuerdings mehr: Der Zeitsinn der Pflanzen ist jedenfalls von der Sonne gesteuert. Gemessen wird der Unterschied zwischen tiefroten und infraroten Strahlen. So erfährt die Pflanze von der Natur, dass es Herbst wird. Ebenso sonnenbezogen ist der Tag-Nacht-Rhythmus. Seine „Uhr" ist die Ausschüttung des Hormons Melatonin.

KREUZER: Zum Thema Zeit werden wir uns wohl noch ein paar Mal treffen. Ich danke Ihnen, Herr Professor, für das Gespräch.

Fuzzy world

Gespräch mit Herbert Pietschmann

KREUZER: Herr Professor, unsere übergreifende Parole heißt „Erfindung", Erfindung in jedem Sinn des Wortes, also in Bezug auf unsere geistige Neugierde, die uns zu neuen Erkenntnissen führt, aber auch Erfindung im Sinne der „Urzeugung", und letztlich – wir haben die Bemühungen unseres Freundes Rupert Riedl in diesem Sinne gewürdigt – geht es um die Erfindungskapazität, die universelle Neugierde, *die dem ganzen Kosmos eigene Kreativität.* Zum letzteren Aspekt fühle ich mich bei Ihnen an der richtigen Adresse. Einfach gefragt: Was kann die Quantentheorie, also die neben oder über der Relativitätstheorie größte theoretische Konzeption des vorigen Jahrhunderts, zu unserer Frage beitragen? Gibt die Quantentheorie insbesondere Aufschluss über die *Bedeutung des Zufalls,* also auch über die Frage, ob die Welt determiniert ist oder nicht?

PIETSCHMANN: Die Quantenmechanik ist tatsächlich eine so umwälzende Revolution im physikalischen Denken, dass ich sie jedenfalls mit einem Satz charakterisieren will: In der Quantenmechanik werden die Eigenschaften eines Systems durch die Messung nicht *festgestellt,* sondern *hergestellt.* Das ist in Bezug auf die „alte Physik" dramatisch; die Trennung zwischen Subjekt und Objekt wird aufgehoben, der Realitätsbegriff wird somit neu gedeutet. Die klassische Physik sagt:

Die Welt existiert nun einmal und mit Hilfe unserer Experimente stellen wir ihre Eigenschaften fest. Diese Auffassung ist durch die Quantenmechanik überwunden: Durch die Beobachtung *werden die Eigenschaften erst hergestellt.* Das war so revolutionär, dass fünf der Spitzenphysiker, die dafür mit dem Nobelpreis ausgezeichnet worden waren, weil sie an der Entwicklung der Quantenmechanik entscheidend teilgenommen hatten, das waren Max Planck selbst, Albert Einstein, Max von Laue, Louis de Brouille und Erwin Schrödinger, gesagt haben: Da tun wir nicht mehr mit.

KREUZER: Es geht also um die so genannte Kopenhagener Schule. Niels Bohr war der Vater dieser umstrittenen Deutung der Quantenmechanik; er lehrte in Kopenhagen.

PIETSCHMANN: Übrigens gehörte Max Born, der für die statistische Interpretation der Quantentheorie den Nobelpreis erhielt, auch zu dieser Schule. Er sagte in einem Brief an Albert Einstein: „Eigentlich ist es seltsam, dass das, wofür ich den Nobelpreis erhalten habe, in der Welt als ‚Kopenhagener Deutung' bezeichnet wird; ich war ja gar nicht in Kopenhagen, sondern in Göttingen."

KREUZER: Dieser fundamentale Streit ist noch keineswegs beigelegt; mein Freund Karl Popper hat sich konsequent gegen die Kopenhagener Deutung gewendet, weil sie für ihn einen Einbruch des Idealismus, schlimmstenfalls des Konstruktivismus (es gibt keine Realität, das ist nur unsere Einbildung) bedeutete. Man kann allerdings feststellen – ich denke da an Kuhn und seine Theorie über den Wechsel der Paradigmata –, dass eine erkennbare, hochqualifizierte Mehrheit der theoretischen Physiker über die Kopenhagener Deutung nicht hinweg kommt. Armer Einstein! Es wäre allerdings nicht sein erster weltgeschichtlicher Irrtum gewesen.

PIETSCHMANN: Es ist ja eigentlich, wenn man unsere didaktische Aufgabe ins Auge fasst, eine quälende Situation: Eine der besten, also jedenfalls bestens durch Experimente erhärtete Theorie ist für viele Menschen so unbefriedigend, weil die Aussagen, die aus dem Experiment hervorgehen, gegen die naive Realitätsvorstellung, also gegen den „gesunden Menschenverstand", verstoßen. Insoferne ist auch Albert Einstein „naiv", wenn er in einem Brief an Erwin Schrödinger schreibt: „Du bist neben Laue, der sieht, dass man um die Setzung der Realität nicht herumkommt; die anderen sehen gar nicht, was für ein gewagtes Spiel mit der Realität sie treiben." Zu Wolfgang Pauli hat Einstein gesagt: Die Physik ist doch die Wissenschaft vom Wirklichen und doch nicht die Wissenschaft von dem, was man sich bloß einbildet.

KREUZER: Nun, es geht anscheinend nicht um die Wirklichkeit selbst, sondern um das Problem ihrer Nicht-Erreichbarkeit: Eine Welt, die man nicht beobachtet oder beobachten kann, ist für die Wissenschaft nicht da. Ob sie nun „wirklich" da ist, ist damit nicht entschieden. Die Frage wird also in Richtung Metaphysik verschoben. Ich denke an Wittgenstein: „Wovon man nicht reden kann, darüber muß man schweigen." Er meint „wissenschaftlich reden" beziehungsweise „wissenschaftlich schweigen". Damit wäre Karl Popper der Mund verbunden, was ihn bekanntlich nicht gefreut hätte.

PIETSCHMANN: Einstein hat zusammen mit Podolksy und Rosen das berühmte Experiment vorgeschlagen, bei dem ein Teilchen in zwei andere zerfällt, die beide nicht messbar sind. Erst wenn ich eines der Teilchen messe und seine Richtung bestimme, hat auch das andere seinen Ort gefunden. Beide sind und bleiben aber dasselbe. Das entscheidende Zusatzexperiment hält fest, dass die geteilten Eigenschaften vor der Messung vorhanden waren und sich nach der Messung verbinden.

KREUZER: Da kommt einem natürlich der quantentheoretische Humor in den Sinn: Nils Bohr sagte einmal: Wer von der Quantenphysik nicht schockiert ist, der hat sie nicht verstanden. Richard Feynman meint dazu: Die Quantenphysik kann überhaupt niemand verstehen.

PIETSCHMANN: Meine Studenten erzählen – ich hab's schon vergessen – ich hätte in einer Vorlesung gesagt: Ich hoffe, Sie haben das, was ich gesagt habe, nicht verstanden, denn wenn Sie glauben, Sie hätten es verstanden, dann haben Sie es nicht verstanden.

KREUZER: Sprachlich kann man sich um das Problem herumschwindeln, wenn man sagt: *Ich kann begreifen, dass ich es nicht verstehe.*

PIETSCHMANN: Ja, das ist das Ziel: Zu begreifen, warum man es nicht verstehen kann. Verstehen heißt ja, etwas widerspruchsfrei zu machen – und genau das geht bei der Quantenphysik nicht. Der allgemein anerkannte Dualismus Welle-Teilchen erfordert ja, dass man versucht, alle Widersprüche zu eliminieren, die man eliminieren kann. Wenn man dann einsieht, dass man die restlichen Widersprüche nicht eliminieren kann, dann hat man's begriffen.

KREUZER: Einer der Assistenten Ihres hochrenommierten Kollegen Zeilinger hat in einem Aufklärungsvortrag zu diesem Thema eine tod-lustige Witzzeichnung vorgelegt: In der Mitte ein Baum, rechts und links je eine Skispur und unterhalb der Skifahrer mit zwei Bretteln. Wie ist er um den Baum herum- oder durch diesen durchgekommen? Das ist Quantentheorie!

PIETSCHMANN: Das hängt mit der Welle-Teilchen-Problematik zusammen. Wenn man die Bahn eines Teilchens kennt, verhält es sich klassisch, wenn man sie aber grundsätzlich nicht kennen kann, dann …

KREUZER: ... weil es ja auch eine Welle ist ...

PIETSCHMANN: ... dann haben wir die Unverständlichkeit, aber Begreifbarkeit eines Quantenphänomens.

KREUZER: Wir wollen nun zu unserem Ober-Thema ein-schwenken: Wo steckt der erfinderische Geist in der Natur, in der geistigen, in der biologischen und nun, wie erörtert, auch in der physikalisch-kosmologischen? Kern dieser Frage: Kommen wir dem Sinn oder Unsinn des Zufalls näher? *Er-härtet die Quantenphysik die Zufälligkeit des Zufalls?* Gibt sie irgendeinen Hinweis, ob Zufälle Unfälle oder Einfälle sind? Ist die Quantenphysik die Antwort auf die Frage, ob das Uni-versum determiniert oder indeterminiert ist?

PIETSCHMANN: Da sollten wir uns an den Laplace'schen Dämon erinnern: Der kennt Ort und Geschwindigkeit jedes Teilchens in der Welt und kann daher auch die gesamte Ver-gangenheit und die gesamte Zukunft berechnen.

KREUZER: Das ist natürlich der nackte Determinismus, wenn man will, auch der Finalismus, der Fatalismus. Es gibt mehrere solche halbkomische Dämonen in der Wissenschaftsgeschichte, sie haben aber zumeist den didaktischen Zweck, ihre Unmöglichkeit zu demonstrieren.

PIETSCHMANN: Ja, das gilt für die meisten solchen Dämonen. Laplace hat's aber ernst gemeint, er war wirklich ein Determinist ...

KREUZER: ... also auch ein Reduktionist, also einer, der überzeugt ist, dass man alle höheren Ordnungen auf ihre letzten physikalischen Ursachen zurückführen kann.

PIETSCHMANN: Ja, gewiss. Laplace hat freilich nicht angenommen, dass es diesen Dämon wirklich gibt, er hat nur gesagt: Gäbe es diesen Dämon, dann könnte er ... Um auf die Kernfrage zu kommen: Dieser Determinismus und alle seine Spielarten sind durch die Quantentheorie vollständig widerlegt – allein durch die Unschärfe-Relation Heisenbergs. Heisenberg hat unwiderlegbar postuliert, dass man Ort und Geschwindigkeit eines Teilchens nicht gleichzeitig messen kann. Die Quantenmechanik geht aber grundsätzlich darüber hinaus. Sie sagt: Wenn ich etwas grundsätzlich nicht messen kann, dann existiert es gar nicht; das Teilchen „verschmiert" sich sozusagen in einer engen Raumzeit.

KREUZER: Zur Beruhigung von teilweise vor-informierten Lesern: In einer ähnlichen Situation sehen wir ja auch das Elektron, das ein Proton „umkreist" und dadurch ein Atom bildet. Die Elektronen bilden bekanntlich „Wolken", aus deren Schichtung sich die gesamte Chemie herleitet.

PIETSCHMANN: Ich muss klarstellen, dass die Unschärfe-Relation nicht als Beweis der Freiheit geeignet ist. Aber umgekehrt widerlegt sie die Unfreiheit. Man kann das Thema nicht abschließen, ohne die Kausalität zu erwähnen. Die Quantentheorie hat das logische Gebäude des Aristoteles von vier Kausalitäten auf eine eingeschränkt, die „causa efficiens", die Wirkursache. Man kann also aus der Feststellung eines Zustandes nicht einwandfrei auf die Vergangenheit schließen.

KREUZER: Da hat ja der von Ihnen hochgeschätzte Richard Feynman eine wichtige, hochmathematische Erhärtung hinzugefügt. Man nennt das „Pfad-Integrale", also eine raffinierte Variante der Infinitesimal-Rechnung, die Sie mir bitte lieber nicht erklären mögen. Ihr Inhalt, wenn ich's verstanden habe: Ein Quantenvorgang kann *beliebig viele Vergangenheiten haben*, beliebig viele Zükünfte sowieso.

PIETSCHMANN: Er hat die „Verschmierung" auch über die Wege des Geschehens ausgedehnt. Im Grunde geht das auch aus den Schrödinger-Gleichungen hervor, Feynman hat eine neue mathematische Vorgangsweise gefunden.

KREUZER: Bleiben wir bei Feynman. Da kommt ein anderes großes Kapitel ins Spiel, das mit der Zufallsartigkeit und damit Kreativität des Weltalls zu tun hat: die Symmetrie, was aber noch wichtiger ist: die Asymmetrie, der *Symmetrie-Bruch*. Feynman führt zahlreiche wichtige Symmetrie-Brüche an, die frühesten sind wohl das Auseinanderbrechen der anfangs vereinten Universalkräfte Gravitation, elektromagnetische Kraft, schwache und starke Kernkraft; dann aber vor allem die Trennung von Materie und Antimaterie. Eigentlich sollte sich ein symmetrisches Universum in einem Augenblick wechselweise vernichten und in Hintergrundstrahlung zerstrahlen – totale Entropie unmittelbar nach dem entropischen Gleichgewicht „vor" dem Urknall. Der Symmetriebruch „rettet" weniger als ein Prozent der eben entstandenen Materie und lässt nur den großen Rest verstrahlen. Das wäre ja wohl der größt-denkbare Zufall in der Geschichte des Kosmos. Feynman findet dann eine ganze Kette solcher Symmetriebrüche, die durchwegs eine Relation von eins zu neunundneunzig haben. Interessant ist auch, dass nur die belebte Welt zwischen rechts- und linksgedrehten Formen der Punktsymmetrie wählen kann, während sonst die „Spins" festgelegt sind.

PIETSCHMANN: Da muss man einige Fragezeichen einarbeiten. Die Hintergrundstrahlung ist erst dreihunderttausend Jahre nach dem Urknall entstanden; da muss sich also einiges dazwischen abgespielt haben. Tatsächlich gilt in der Kosmologie die Regel, dass ein Vorgang, der in unserer Welt möglich ist, auch möglich sein muss, wenn er sich im Spiegelbild abspielt. Daraus ergibt sich zumindest scheinbar eine Äquivalenz von Materie und Anti-Materie. Nun ist in den Sechzigerjahren klar geworden, dass es eben jene geheimnisvolle Unschärfe gibt, die einen relativ winzigen Rest übrig lässt – *und das ist die Welt, in der wir leben.*

KREUZER: Ich halte zwischendurch fest: In den Symmetrie-Brüchen steckt auch ein Element der Zufälligkeit, das man auch als Voraussetzung der Kreativität verstehen kann.

Und nun zu einem angrenzenden Thema: Was hat das alles mit der Chaos-Theorie zu tun, von der wir wissen, dass sie eigentlich eine Theorie der fundamentalen Ordnungsbildung ist – mit der ganz oben in der Evolution angesiedelten übersteigerten Komplikation und Komplexität?

PIETSCHMANN: Da muss man vor allem sagen, dass die Chaos-Theorie eine klassische Theorie aus dem neunzehnten Jahrhundert, also noch vor der Quantentheorie, ist. Sie ist erst nach hundert Jahren bedeutsam geworden, als man durch die Computer imstande war, ihre Probleme durchzurechnen. Wissenschaftlich bedeutsamster Inhalt: Die Chaos-Theorie hat im Prinzip schon vor der Quantentheorie den Laplace'schen Dämon widerlegt. Der Dämon müsste nämlich von allen Teilchen der Welt Ort und Geschwindigkeit mit absoluter Genauigkeit kennen – und das ist vollkommen unmöglich. Es gibt ganz einfache chaotische Systeme, die das belegen, zum Beispiel ein Doppel-Pendel, das jede Voraussage unmöglich macht.

KREUZER: Noch einmal zur Hauptsache, die unser Thema betrifft: Die Chaos-Theorie ist eine Theorie der Ordnungs-Entstehung. Ihr bedeutender Guru Hermann Haken spricht etwa zur Erklärung von Wellen-Bildungen von einer sich verstärkenden „Versklavung" der Teilchen. Das ist kein sympathischer Begriff, man kann aber auch „Anordnung" dazu sagen.

PIETSCHMANN: Wir tun uns leichter, wenn wir statt „Ordnung" das Wort „Regelmäßigkeit" verwenden. Damit schalten wir eine antropomorphe Komponente aus, denn eine Ordnung muss ja anerkannt werden. Eine Verkehrsordnung geht davon aus, dass sich zumindest ein Teil der Verkehrsteilnehmer an sie hält. Eine Regelmäßigkeit hat keinen ethischen Aspekt.

KREUZER: Nun zur Wirkung der Chaos-Theorie in den höchsten evolutionären Schichten. Hier macht sie sich als eine selbstverstärkende Tendenz zur Komplexität bemerkbar. Man könnte den Trend, der als „snowballing" bezeichnet wurde, also die explosive quantitative Vermehrung des Lebens, wenn es mittels durchströmender Energie genug Syntropie aufbringen und die Schulden an das Entropie-Finanzamt zahlen kann, durch den Begriff „information-balling" erweitern. Der Rückkopplungs-Vorgang, wie ihn Rupert Riedl als epigenetisch darstellt, erhält einen zusätzlichen Antrieb und eine beängstigende Beschleunigung: Die Natur wendet hier auch das Prinzip der intensiven Knäuelung an, in den DNS-Bündeln der Chromosomen ebenso wie in den Hirnwindungen, die das unermesslich verflochtene Netzwerk der

Intelligenz in einer gerade noch gebärbaren Knochenhülle unterbringen. Aber das hat uns Professor Wachtler näher erklärt. Ich glaube, wir sollten noch einen Begriff klären, der sich, wenn man ihn verwendet hätte, durch unseren ganzen Themenablauf verfolgen ließe: „Fuzzy". Das klingt einerseits hochgestochen, andererseits aber auch ein bisschen modisch. Was ist dran?

PIETSCHMANN: Nun, das was als „fuzzy logic" diskutiert und im Computer-Bereich wie auch vielleicht in wichtigen anderen Bereichen anwendbar ist, enthält interessante Aspekte…

KREUZER: …also auch ein Hoffnungsgebiet der Bionik…

PIETSCHMANN: „Fuzzy logic" hat vor allem einmal einen starken menschlichen Hintergrund. Wir glauben, in „Ja" oder „Nein", in richtig oder falsch zu denken, aber wir drücken uns mit vielen einfallsreichen Redewendungen „fuzzy" aus. Unsere Logik ist, ideal betrachtet, eine Entweder-Oder-Logik, tatsächlich denken wir aber viel weicher, unpräziser, aber auch reichhaltiger in den Bedeutungsschattierungen. Es ist kein Zufall, dass „fuzzy logic" von einem Asiaten, einem persischen Mathematiker, entwickelt und ins wissenschaftliche Gespräch gebracht worden ist. Im asiatischen Geistesraum…

KREUZER: …mit dem Sie, Herr Professor, sehr vertraut sind…

PIETSCHMANN: …ja, dort kenne ich mich einigermaßen aus und glaube zu verstehen, warum dort eine Mathematik entwickelt wurde, die einerseits durchaus präzise ist, andererseits aber auf Grautöne Rücksicht nimmt. Man holt daher aus einem entsprechend programmierten Computer Aussagen heraus, die eine ganze Reihe von Möglichkeiten enthalten, die man differenziert gewichten kann. Mit der Mengentheorie haben wir ein Instrument in der Hand, das sich in der Nutzung von „fuzzy logic" bestens bewährt.

KREUZER: „Fuzzy" scheint also auch ein Schlüssel zum Verständnis der hohen Komplexität organischer Strukturen, aber auch wirtschaftlich-technischer Gebilde zu sein. Da komme ich zu einer letzten Frage, die im Sinne unseres umfassenden Gedankenganges auch bionisch ist: Wie sehen Sie, auch unter dem Aspekt der „fuzzy logic" Ihrer geliebten asiatischen Kultur, die Zukunft des Quanten-Computers und des Bio-Computers?

PIETSCHMANN: Der theoretisch durchaus vorstellbare Quanten-Computer würde ja nicht mit bits, sondern mit qubits (Quanten bits) arbeiten, die mehr Möglichkeiten als Ja oder Nein haben.

KREUZER: Auch ein Bio-Computer, wahrscheinlich flüssig, würde, wenn er die Informationsmöglichkeiten der DNS-Basen-Paare nützt, mehr als zwei Ausdrucksformen haben. Sowohl beim Quanten-Computer wie beim Bio-Computer dürfte aber noch ein langer Weg vor uns liegen – ähnlich wie beim „beamen" oder bei der Synthese von beliebigen Keimbahnen.

PIETSCHMANN: Hier müssen wir eine alte Weisheit gelten lassen: *Voraussagen sind besonders dann schwierig, wenn es sich um die Zukunft handelt.*

KREUZER: Herr Professor, ich danke für das Gespräch.

Rückblende:
Nischen – erfunden, nicht gefunden
Gespräch mit Karl Popper und Konrad Lorenz (1983), gekürzt

KREUZER: Ich möchte auf ein Grundproblem verweisen, das in den letzten Jahrzehnten bei allen ernstzunehmenden Forschern in den Vordergrund tritt: das Problem der Orthogenese, die Frage, wieso und warum die Evolution *gerichtet* ist, die Frage auch insbesondere, wie ihr Tempo zu erklären ist; denn würde die Evolution nur aus Zufall und Notwendigkeit, aus Mutation und Selektion im einfachsten erklärt werden müssen, dann wären nicht vier Milliarden Jahre, sondern jedenfalls Hunderte Milliarden Jahre notwendig gewesen, um die heutige lebende Erdoberfläche hervorzubringen … Bei Ihnen, Herr Professor Lorenz, heißt es *„Fulguration"*, die blitzschlagartige Erhellung des Entwicklungshorizonts.

LORENZ: Die Fulguration, das Auftreten von total Neuem, von nie Dagewesenem, ist eine Vorbedingung des Entwicklungstempos. Das muss da sein, weil es sonst viel zu langsam ginge; auch die Rückkoppelung des Erfolges muss da sein – schon beim Hyperzyklus von Manfred Eigen muss sie da sein. Was aber das Wesentliche des Höherentwickelns, des Kreativen ist, das wissen wir nicht. Ich glaube, dass man den Namen Gottes nicht nur nicht eitel nennen soll, sondern überhaupt nicht nennen soll. Das „Daimonion" des Sokrates ist noch der taktvollste Hinweis. Wenn man von IHM mit dem persönlichen Fürwort ER redet, ist das schon eine Gotteslästerung. Die Tatsache besteht, *dass die Evolution im Allgemeinen nach oben geht.* Wenn ich als eines der vorerst höchstentwickelten Lebewesen die Evolution mit meinem unabweislichen Werturteil betrachte, so ist es unleugbar, dass die Haie des Devon höhere Lebewesen sind als die Trilobiten des Kambrium, kurzum, dass es nach oben geht. Manfred Eigen sagt, es ist ein Spiel von allem mit allem. Das kleine Schaumbläschen – ich gebrauche gerne dieses Bild – würde nicht höher steigen, wenn nicht unten alles besetzt wäre. Was aber das eigentliche Kreative ist, das wissen wir nicht. Ich habe lange Jahre in einem großen, ich möchte sagen, in einem verzweifelten Pessimismus geglaubt, was Jacques Monod glaubt, dass reiner Zufall am Werk ist. Aber das ist nicht wahr, das ist schon für die molekularen Vorgänge nicht wahr. Ich verstehe Manfred Eigen nicht ganz, weil ich ein schlechter Mathematiker bin, aber er sagt mir: Schon im molekularen Bereich spielt sich etwas ab, was einen merkwürdigen Richtungssinn in sich hat. Es geht im Allgemeinen nach „oben", aber im Einzelnen ist alles zufallsbedingt.

KREUZER: Aber die Grundfrage ist doch: Wie kann aus der Notwendigkeit der bloßen Wiederholung und aus dem Zufall, der nur ein Irrtum ist, wie kann also aus zwei Stumpfsinnigkeiten der Feuersturm des Lebens und des Geistes entstehen?

LORENZ: Ja, das möchte ich auch gerne wissen.

KREUZER: Woher kommt das Kreative?

POPPER: Ich möchte zunächst etwas zu Konrad Lorenz sagen: Ich habe in den letzten Tagen die „Rückseite des Spiegels" wieder gelesen, und ich war erstaunt, wie viele Punkte es da gibt, in denen wir beide übereinstimmen. Auch in allem, was du jetzt gesagt hast, Konrad, stimme ich mit dir überein. *Das Leben sucht eine bessere Welt.* Jedes einzelne

Lebewesen versucht, eine bessere Welt zu finden, zumindest dort stehen zu bleiben oder dort langsamer zu schwimmen, wo die Welt besser ist. Und das geht von der Amöbe bis zu uns. Immer wieder ist es unser Wunsch, unsere Hoffnung, unsere Utopie, eine ideale Welt zu finden. Das ist irgendwie durch eine darwinistische Auslese in uns eingepflanzt. Und das darf nicht weggelassen werden. Es ist einfach nicht wahr, dass wir durch die Umwelt „geformt" werden. Wir suchen die Umwelt, und wir formen sie, aktiv. Das nackte Gen hat eine Umgebung von Proteinen gesucht und hat sich einen Mantel geschaffen aus den Proteinen: das ist im Wesentlichen seine bessere Umwelt. Und so geht's uns, wenn wir uns eine Lederjacke oder eine Wollweste anziehen. Wir versuchen dauernd, unsere unmittelbare und unsere weitere Umwelt und schließlich die ganze Welt zu ändern und zu modifizieren.

KREUZER: Ich habe in vorhergehenden und nachfolgenden Gesprächen mit Professor Popper den Eindruck gewonnen, dass hier zwar kein Gegensatz, aber jedenfalls ein aufklärungsbedürftiger Unterschied besteht. Für mich hieß das, was ich bei Professor Popper gelesen und gehört habe, „Leben ist Lehren"; Leben ist: Theorien, Hypothesen, Dogmen, Doktrinen in die Welt setzen und auf ihre Gültigkeit überprüfen. Es wäre mir sehr wertvoll, wenn im Gespräch klargestellt werden könnte, ob es wirklich einen Gegensatz gibt oder ob sich die eine Formulierung mit der anderen vereinen oder in der anderen auflösen lässt.

POPPER: Ich wiederhole: Von Anfang an, wahrscheinlich durch Darwin'sche Selektion, sucht das Leben eine bessere Welt. Du, Konrad, hast von ökologischen Nischen gesprochen. Das ist auch einer meiner Lieblingsausdrücke. Nur in einem Aspekt möchte ich dich kritisieren: Du sprichst von „besetzten" ökologischen Nischen. Das klingt so, als ob die ökologischen Nischen vorgegeben wären. Das sind sie nicht. Die ökologischen Nischen werden vom Leben *erfunden*.

LORENZ: Völlig richtig.

POPPER: Vorgegeben ist alles mögliche. Eine ökologische Nische wird es aber erst durch das Leben. Das Leben hofft, das Leben arbeitet, als ob es eine Hoffnung hätte, eine bessere Welt zu finden, bessere ökologische Nischen zu finden. Pflanzen und Tiere sind bereit, das Abenteuer einer neuen ökologischen Nische zu riskieren. Und jene, die diese Initiative haben, gelangen durch Auslese auf eine höhere Ebene.

LORENZ: Richtig.

POPPER: Lebewesen ohne Initiative, Neugier, Fantasie müssen um die schon besetzten ökologischen Nischen kämpfen; jene hingegen, die die Initiative haben, haben neu erfundene ökologische Nischen zur Verfügung. Und das Interessante ist, dass schon von Anfang an die ökologischen Nischen von den Lebewesen *gemacht* werden.

KREUZER: Bei der Auflösung der Kant'schen Apriori in Aposteriori der Schöpfungsgeschichte – das, was wir als Voraussetzung jedes Lernens in unserem Organismus, also in unserem Genom vorfinden, ist selbst ein Lernprodukt der Evolution – gibt es jedenfalls Unterschiede im Wortgebrauch, hinter denen sich Auffassungsunterschiede verbergen könnten. Sie, Herr Professor Popper, sind ja mit dieser Zurückführung der Apriori auf Aposteriori nicht zufrieden. Für Sie bedeuten diese Begriffe auch etwas anderes.

POPPER: Auf die Worte kommt es nicht an. Mir kommt es darauf an, dass die Apriori sowohl im Leben des einzelnen Lebewesens wie in der Entstehung der Gattung in die Welt hineingetragene Hypothesen sind; *sie sind in keinem Fall passiv erlernt.*

LORENZ: Ich sehe keinen Widerspruch: Ich habe gerade zustimmend zitiert, dass das Auge, der ganze Gesichtssinn, eine Hypothese ist, eine Theorie. Das gilt auch für die anderen Sinne und für die Denkformen.

POPPER: Ich würde sagen: Alle Hypothesen, alle Theorien sind genetisch, ihrer Entstehung nach, a priori, ob sie früher oder später gemacht werden, ob sie also Bestandteil der Gattungsgeschichte oder Bestandteil unseres individuellen Lebens sind. Man muss nur deutlich machen, dass Kant geirrt hat, als er meinte, alles, was a priori ist, müsse wahr sein. *Apriori sind Hypothesen:* Sie können falsch sein. Ein typisches Beispiel: Ein neugeborenes Kind erwartet, dass es gepflegt wird. Das kann ein tragischer Irrtum sein; dann geht das Kind zugrunde. Das Apriori war zwar aus gutem Grund im Genom verankert, aber es gibt keine Garantie, dass die Erwartung sich erfüllt. Neue Theorien sind Erfindungen.

KREUZER: Mir ist doch einiger Gegensatz in der Herausarbeitung des Ich-Bewusstseins bei beiden Professoren in Erinnerung. Hier, bei Professor Popper, die besondere Beachtung des hohen Ich-Bewusstseins, das sich aus der Argumentationsfunktion der Sprache ergibt, aber bei Ihnen, Herr Professor Lorenz, habe ich doch bemerkt, dass Sie eine Vorform des Ich-Bewusstseins auch bei den Tieren vermuten. Besteht hier ein Gegensatz, ein Unterschied?

LORENZ: Gott, so ein Gockel, der kräht und mit den Flügeln knallt, der hat mehr Ich-Bewusstsein als ich. Der überschätzt sein Ich maßlos. Der glaubt, er ist das Zentrum der Welt. Der ist so stolz und so aggressiv, der ist so egoistisch.

KREUZER: Ist dieses Gockel-Ich unser Ich?

POPPER: Wir beide sagen natürlich nein. Es ist nicht dasselbe.

LORENZ: Es ist nicht dasselbe, aber es steckt drin. Denn der reflektiert ja nicht. Beim Gockel kann es niemals eine Identitätssuche geben. Ein Untergockel, der eben zerzaust worden ist, der hat sehr wenig Ego.

POPPER: Ich gebe ganz allgemein zu, dass in der Entwicklung der Lebewesen die alten Formen irgendwie immer noch da sind. Sie werden nie ganz überwunden. *Also steckt der Gockel im Menschen, aber der Mensch doch nicht im Gockel.*

KREUZER: Damit sind wir beim Leib-Seele-Problem, beim Ich-Problem, beim Bewusstseins-Problem. Für Sie, Herr Professor Lorenz, gibt es hier eine Kluft. Sie nennen das einen „vertikalen Hiatus", eine Spaltung der Richtung oben/unten, eine unüberbrückbare Andersartigkeit des Ich-Bewusstseins von der Welt, der Innenseite und der Außenseite der Welt.

LORENZ: Für uns unüberbrückbar. Zu sagen: Die Seele gibt es nicht oder sie sei auch materiell erklärbar, ist der größte Unsinn, den man überhaupt sagen kann. Das können wir nicht erklären, und mein verstorbener Freund Gustav Kramer hat das so wunderbar ausgedrückt, indem er gesagt hat: „Angenommen, wir hätten im utopischen Enderfolg der Forschung alle seelischen Vorgänge bis ins Kleinste beschrieben und könnten nachweisen, dass sie Punkt für Punkt mit physiologischen Vorgängen übereinstimmen, so wäre damit das Leib-Seele-Problem keineswegs gelöst, sondern wir wären höchstens zu der Aussage berechtigt, dass der psychophysische Parallelismus in der Tat sehr parallel sei." Das ist die wunderbare Formulierung der *Unlösbarkeit*. Und schau, Unlösbarkeiten wundern mich nicht. Ich wundere mich nicht darüber, wie wenig ich verstehe, sondern ich wundere mich darüber, dass in meinem etwas verbesserten anthropoiden Gehirn sich solche Probleme immerhin abbilden lassen. Ich wundere mich, wie gesagt, nicht darüber, dass das Elektron einmal eine Welle, einmal ein Korpuskel ist und dass der Karli Popper einmal eine Seele, einmal ein Körper ist. *Ich wundere mich, dass ich mich darüber wundere.*

POPPER: Ich glaube, dass Herr Kreuzer auf Folgendes anspielt: Du sagst, das Bewusste ist nicht immer höher, sondern das Bewusste ist zum Beispiel das Zahnweh. Das Zahnweh ist sehr bewusst, aber ist keine höhere geistige Leistung. Es kann so bewusst sein, dass es mein Bewusstsein vollkommen ausfüllt, und es ist dennoch keine höhere geistige Leistung. In dem Sinne kann auch das ganz niedrige Zahnweh mein Bewusstsein vollkommen in Anspruch nehmen.

LORENZ: Ja, völlig richtig. „Und einzig in der engen Höhle des Backenzahnes weilt die Seele", sagt Wilhelm Busch.

KREUZER: Wie verhält sich das nun mit dem hohen Ich-Bewusstsein, das die Sprache voraussetzt? Hier liegt doch die Grenze horizontal.

POPPER: In der Sprache, da kommt das.

LORENZ: Mit der Sprache kommt eine Grenze, und das ist natürlich ein Rückkoppelungskreis. Weil das Höhere Einfluss auf das Tiefere hat. Aber deshalb ist die Sprache immer noch etwas Natürliches. Sehr viele gute Denker haften noch am Glauben, dass etwas Unerklärliches ipso facto außernatürlich sein müsste. Insoferne bin ich Monist, wenn du so willst. Trotz Einsehens meiner Uneinsichtigkeit des Leib-Seele-Problems. Aber die Vorstellung, dass alles, was mein armes Hirn nicht versteht, außerhalb der Natur stehen müsse, wie du zum Beispiel bei Erwin Chargaff in „Unerklärliches Geheimnis" subkutan liest, kann ich nicht teilen.

POPPER: Und hier kommen wir noch zu einem wichtigen Thema, zur Bedeutung der Kritik. Durch die Sprache machen wir die Theorie kritisierbar. Und das ist das Kolossale. Du hast vollkommen Recht, ich bin ganz einverstanden mit dir, dass es zwei große Abschnitte in der Evolution gibt: das Leben und den Menschen. Und der Mensch – das ist vor allem die Sprache. Was ist es, das die Kulturentwicklung ermöglicht? Die Kritik. Durch die Sprache ist eine Kritik möglich, und durch die Kritik haben wir dann die Kultur entwickelt.

LORENZ: Durch die Sprache ist eine Gemeinsamkeit, eine vorher nie da gewesene Gemeinsamkeit des Wissens und damit des Wollens entstanden.

POPPER: Solange wir nicht unsere Theorien aus uns herausgestellt haben, so lange waren wir identisch mit unseren Theorien, und daher konnten wir sie nicht kritisieren. Der Gockel kann sein Ich nicht von seinen Erwartungen, nicht von seinen Theorien unterscheiden.

LORENZ: Der Gockel bringt jeden um, der ihn kritisieren will – und das tun wir nicht.

POPPER: Der Gockel kann seine Theorien nicht kritisieren. Wir können zum Beispiel darüber reden, ob wir Egoisten sind oder nicht. Die Sprache erlaubt es uns, einen Satz außerhalb von uns zu sehen und zu fragen: Ist dieser Satz richtig? Ist er wahr? Und damit fängt eigentlich erst der Satz an, ein Satz zu sein: mit der Möglichkeit der Unwahrheit des Satzes, mit dem Wahrheitsproblem. Ich habe übrigens diesen drei Bühler'schen Stufen eine vierte hinzugesetzt, nämlich die argumentative Funktion der Sprache. Wir können darüber sprechen, ob der Satz wahr ist oder nicht. Das ist dann eine eigene …

LORENZ: … eine höhere Kategorie im Sinn von Nicolai Hartmanns Schichtenbau.

KREUZER: Ist das jene vierte Stufe, die dann erst eigentlich den Menschen macht? Diese vierte Stufe der Sprachentwicklung bringt doch jene Rückkoppelung zwischen den Produkten unserer Kultur und unserem Gehirn. Und dort entsteht eigentlich jenes hohe, besondere Ich-Bewusstsein, von dem wir reden.

LORENZ: Ich kann über das Ich-Bewusstsein nicht reden, weil ich von meinem Ich immer überzeugt war, wahrscheinlich von einem sehr primitiven Gockel-Ich-Bewusstsein her. Mir ist es niemals ganz verständlich gewesen, wie einer Identitätssuche betreibt. Das ist mir nie, phänomenologisch, persönlich nie verständlich gewesen, aber das gibt es, kann ich nur sagen.

POPPER: Du hast aber in deinem Buch – ich hab' das angemerkt – von Identitätssuche geschrieben.

LORENZ: Wenn ich ein Sinken in Bezug auf meine eigene wissenschaftliche Leistung bemerke und mir diese abgeschmackt und überhaupt nicht veröffentlichungswürdig erscheint, was regelmäßig beim Abschluss eines größeren Manuskriptes passiert – der Fall entsetzt mich gerade –, dann lese ich die Schriften meiner erbitterten Meinungsgegner.

POPPER: Das kenne ich nicht.

LORENZ: Das kennst du nicht: Weil dir das Gockel-Ich-Bewusstsein fehlt! *Weil du kein Gockel bist und ich einer bin!*

KREUZER: Meine Herren Professoren, ich danke für dieses Gespräch.

ADAM

MOTORISCHER SENSIBLE
NERV NER

VERBINDUNGSNER

SPRACH-
ZENTRUM

FÜHLZENTRUM

SEH-
ZENTRUM

RIECH-
ZENTRUM

HÖR-
ZENTRUM

TRUM

Zuspruch, Widerspruch:
Wo ist oben?
Gespräch mit Bernulf Kanitscheider

KREUZER: Unser Themenbogen, der uns von der realitäts-
nahen Bionik, also von den bewundernswerten Tricks der
Natur, zu der von der Expo 05 in Nagoya als Motiv gewählten
Weisheit der Natur führt, neigt sich nach der Erinnerung an
die fundamentale Erörterung des Themas im Kamingespräch zwischen Karl Popper und Konrad Lorenz einer
abschließenden Analyse zu. Wir haben schon klargestellt,
dass zum Unterschied von vielen großartigen Tricks der
Natur die Weisheit der Natur, je tiefer man in sie eindringt,
nicht mehr einfach kopierbar und in technischen Systemen
anwendbar ist. Letztlich zeigen sich Grenzen nicht nur der
Anwendbarkeit, sondern der Verständlichkeit. Von diesen
soll nun die Rede sein. Die verbale Brücke, die uns durch Karl
Popper und Konrad Lorenz in Erinnerung gebracht worden
ist, betrifft den Begriff des *Erfindens*. Die Natur zeigt sich
grundsätzlich als erfinderisch, als *„neugierig"*, auf der Suche
nach dem Neuen, auf dem Wege zur Hervorbringung des
Neuen. Das Neue wird nicht gefunden, sondern gesucht, also
als Erwartung *„erfunden"*.

KANITSCHEIDER: Wir sollten nicht übersehen, dass in der
Verwendung des „Erfindens" als Oberbegriff ein Stück Meta-
phorik, also Bildhaftigkeit, steckt. Das Wort „erfinden", wie
wir es im Alltag verwenden, ist sehr stark mit einer bewussten

Konzentration verbunden, also mit einem bewussten Fixieren auf ein bestimmtes Ziel. Wenn wir im Alltag Probleme lösen wollen, versuchen wir gedanklich die verschiedenen Lösungsmöglichkeiten durchzugehen, abzuwägen und uns für eine zu entscheiden. Dabei „erfinden" wir Zusammenhänge, neue begriffliche Objekte, die wir brauchen, um Lösungen zu finden, aber immer handelt es sich doch beim „Erfinden" um eine bewusste Konzentration auf etwas.

KREUZER: Wir erinnern uns an Karl Popper: Alles Leben ist Problemlösen.

KANITSCHEIDER: Wenn wir den Begriff des „Erfindens" auf die lebende Natur übertragen, müssen wir uns vor einer mentalistischen Interpretation der Natur in Acht nehmen. Ich habe nichts dagegen einzuwenden, wenn wir sagen, dass die Natur etwas erfindet, wenn wir das in einem metaphorischen Sinn verwenden. Zweifellos probiert die Natur viele Strategien aus und gelangt zu bestimmten Optimierungen. Bei der Übertragung des Begriffes müssen wir den System-Unterschied beachten. Wenn wir Menschen mit Hilfe unseres Geistes Erfindungen machen, dann haben wir innere Repräsentationsmöglichkeiten von zukünftigen Zuständen, also Antizipationen, Vorwegnahmen. Das heißt: Das Erfinden durch Menschen – und ich würde sogar sagen bei allen höheren Säugetieren – ist anders zu verstehen als das Erfinden in der Natur, durch die Natur allgemein. Spätestens im präbiotischen Bereich versagt die Analogie im wörtlichen Sinne. Ein Flusslauf bahnt sich seinen Weg unter Einwirkung der Gravitation. Ich habe nichts dagegen, wenn man bildlich sagt: Der „kluge" Fluss sucht sich seinen Weg zum Meer und löst dabei verschiedene Probleme. Man muss sich nur darüber klar sein, dass der Fluss keine globale Übersicht über das Gelände hat, er kann nicht ein Endziel antizipieren, also systematisch vorwegnehmen. Er kann nicht sagen: Ich will ins Schwarze Meer …

KREUZER: Das wäre teleologisch …

KANITSCHEIDER: Ja, das wäre teleologisch und das setzt vorwegnehmendes Wissen über eine mögliche Konfiguration voraus, und das hat die Natur, mit Ausnahme ihrer komplexesten organischen Systeme, nicht.

KREUZER: Wir interpretieren Karl Popper und Konrad Lorenz. Ich muss ohne eigene Stellungnahme an dieser Stelle einfügen, dass Karl Popper bei seinen letzten Vorlesungen in Wien, die meines Wissens nirgendwo abgedruckt worden sind, ganz ausdrücklich von einer umfassenden *„Teleologie"*, ja sogar in diesem Zusammenhang von einem *„Anthropomorphismus"*, ausgegangen ist. Mich hat das auch gewundert, weil der durchaus sinn ähnliche Begriff der „Teleonomie" (das Ergebnis sieht rückblickend so aus, als wäre es teleologisch zustande gekommen) zur Verfügung gestanden wäre. Selbst der beinharte Extrem-Darwinist Jacques Monod spricht in seinem Bestseller „Zufall und Notwendigkeit" von einer teleonomischen Funktion der Proteine zum Unterschied einer streng replikativen Funktion der DNS. Aber wir wollen ja nicht Karl Popper nachbeten, sondern mit einem Abstand von zwei Jahrzehnten nachdenklich bewerten. Das führt uns zum angrenzenden Thema der erlernten bzw. angeborenen Lebensprogramme, also zur Neudeutung aller Aposteriori als Apriori – in geistiger Nachfolge Immanuel Kants.

KANITSCHEIDER: Da müssen wir eine Klarstellung treffen. Kant hat zwischen Kategorien, die allem Leben und Denken vorgegeben sind, und empirischem Wissen, das durch Lernen erworben wird, eine scharfe Grenze gezogen. Als Apriori hat er vor allem Raum, Zeit und Kausalität im Sinne einer transzendentalen, also aller Überlegung vorangestellten Gegebenheit postuliert. Dazu ist aus heutiger Sicht festzustellen, dass diese Kant'schen und auch andere Apriori als überwunden betrachtet werden können.

KREUZER: Vor allem natürlich durch die Relativitäts- und die Quantentheorie, die ja Kant ebenso wenig ahnen konnte wie die gesamte Genetik unseres Zeitalters und die ganze Evolutionstheorie.

KANITSCHEIDER: Die Hinfälligkeit der Bedingungen a priori mindert allerdings nicht die Nützlichkeit dieses Begriffes in den Evolutions-Theorien von Lorenz und anderen. Lorenz hat die Kant'sche Idee des Apriori in eine empirische Form des Aposteriori transformiert. Gegen ein stammesgeschichtliches Apriori ist nichts einzuwenden. Dieses kann bestehen, auch wenn es keine synthetischen Urteile a priori im Sinne Kants gibt.

KREUZER: Das heißt, die Grundlage all dessen, was die Individuen erlernen, ist angeboren, wie Popper sagt, als eine *Erwartung*. Lorenz hat vorerst gemeint, dass all dieses, was die Einzelwesen nicht lernen müssen, weil sie es geerbt haben, in der Stammesgeschichte von den Arten erlernt worden ist. In der Diskussion mit Popper hat Lorenz allerdings anerkannt, dass auch in der Stammesgeschichte die Voraussetzungen des Lernens *angeboren* sind. Wenn man nun die Kant'schen Begriffe verwendet, heißt das, dass eigentlich alle Aposteriori apriorisiert worden sind. Hier taucht natürlich das Problem auf, wie denn diese ungeheure Masse an Erwartungen – nach der Nobelpreis-gekrönten Entdeckungsleistung Konrad Lorenz' vermehrt durch hochkomplizierte Verhaltensprogramme – in den ursprünglichen Genen untergebracht worden ist.

KANITSCHEIDER: Man muss diese Entwicklung als Emergenz betrachten: Entwicklungsleistungen werden im Sinne Darwins durch Überleben und Vermehrung belohnt, was sich genetisch auswirkt. Man kann den griffigen Terminus von der schöpferischen Kraft der Natur verwenden, ohne dabei an einen geheimnisvollen metaphysischen Vorgang zu denken. Die Emergenz, also das Auftauchen des Neuen, kommt nach neuesten Vorstellungen durch die Wechselwirkung der inneren Eigenschaften verschiedener Komponenten des Systems zustande. Die Emergenz-Wirkung hat keinen akausalen Ursprung, im Gegenteil: Das Wesentliche eines rationalistischen Emergenz-Begriffes besteht gerade darin, dass das Ergebnis keineswegs vorhersagbar, dass es aber trotzdem erklärbar sein muss. Die modernen Selbstorganisationstheorien erlauben eine kausale Rekonstruktion des emergenten Vorganges.

KREUZER: Selbstorganisation dürfte also das wichtigste Stichwort zu Ihrer Auffassung der kreativen Prozesse sein. Ich möchte nur noch das Kapitel der Apriorisierung abrunden. Da scheint mir wichtig zu sein, dass die gemeinsam von Popper und Lorenz erarbeitete Sicht der Evolutionstheorie auch mit der Aufgabe verbunden ist, den Unterschied zwischen Analogie und Homologie zu überdenken. Nur eines von unzähligen möglichen Beispielen: Das Auge eines Säugetieres galt im Bezug auf das Fischauge aufgrund einer direkten Entwicklungslinie als homolog, das Insektenauge aber infolge der großen evolutionären Entfernung als analog. Die umfassende Sicht einer Natur, die als Ganzes zu verstehen ist, lässt alle Tieraugen als homolog verstehen. Goethe hat das, von Lorenz immer wieder zitiert, schon sehr gut verstanden: *„Wär' nicht das Auge sonnenhaft, die Sonne könnt' es nie erblicken."* Das Prinzip des Schauen-Müssens, des Horchen-Müssens, des Riechen-Müssens (besser des Schnüffeln-Müssens) muss ganz tief verwurzelt sein. Der Keim des Lebens muss schon bei der „Urzeugung" in jeder Beziehung *„welthaft"* gewesen sein. Man kann natürlich trotzdem sagen, alle Varianten sind spielerisch, durch „tinkering" probiert und durch darwinistische Auslese manifestiert worden. Aber die Richtung „nach oben" muss ja wohl eine schöpferische Vorgabe gewesen sein. Popper hat in seinen spätesten Überlegungen gegenüber dem, was er einen

„passiven Darwinismus" nannte, für sich einen *„aktiven Darwinismus"* reklamiert und selbstverständlich mit Lorenz geteilt.

KANITSCHEIDER: Es klingt ein bisschen gespenstisch, dass da ein schöpferisches Potenzial in der Natur stecken soll, immer etwas Neues zu produzieren. Das Neue hat den Leuten immer wieder Rätsel aufgegeben. Wenn die Natur immer Neues produziert und sich daraus ein System entwickelt, von dem vorher nicht die Spur einer Andeutung zu bemerken war, dann sieht das tatsächlich gespenstisch aus ...

KREUZER: Nun, vielleicht ist es gespenstisch?

KANITSCHEIDER: Wir sind nicht dazu da, um Gespenster zu kultivieren, sondern um die Natur zu verstehen, und zwar in einem rationalen Sinne. Zur Fruchtbarkeit des Gedankens der Emergenz-Wechselwirkungen gibt es viele interessante Beobachtungen. Als besonders einleuchtend betrachte ich die durch hohe Computerleistung ermöglichten Experimente mit den so genannten „zellulären Automaten". Die Basis ist ein mathematischer Algorithmus, also eine Rechenregel. Das System arbeitet nach einem Baustein-Prinzip, ist also von der Ausgangssituation her völlig deterministisch. Es entsteht ein der Regel entsprechendes Muster. Dieses scheint sich in Tausenden Rechengenerationen als völlig einförmig zu erweisen, aber auf einmal, sagen wir nach dem fünfmillionsten Schritt, entsteht in der rechten Ecke ganz oben eine neue Figur, die man nicht antizipieren konnte, die man nur erhält, wenn man den Computer beauftragt, den Algorithmus zu entwickeln.

KREUZER: Sozusagen, weil dem System langweilig geworden ist.

KANITSCHEIDER: Ich würde es nicht so mentalistisch interpretieren. Es zeigt sich eben, dass der Algorithmus eine innere kreative Kraft in sich hat, die kein Gespenst ist. Das Spannende an der Sache ist, dass der Vorgang mitunter nach sehr langer Zeit einsetzen und ein äußerst komplexes Ergebnis produzieren kann. Da haben wir, wenn man so will, eine Analogie zur Evolution. Mit einem einfachen Algorithmus kann man eine hohe Komplexität erzeugen. Viele zelluläre Automaten sind sogar universelle Turing-Maschinen, die alle Probleme lösen können, die überhaupt lösbar sind.

KREUZER: … vielleicht eine *Homologie zur Evolution* …

KANITSCHEIDER: Ja, insofern, als es in der Evolution des Lebens einerseits endlose Perioden des Stillstands gibt – man entdeckt immer neue Lebewesen in der Tiefsee, die sich Hunderte Millionen von Jahren überhaupt nicht verändert haben – andererseits kommt es zu spontanen, geradezu explosiven Entwicklungen.

KREUZER: Das nennt Lorenz eine Fulguration, einen evolutiven Blitzschlag, der allerdings – alles ist relativ – ein paar hunderttausend Jahre dauern kann. Wir Menschen sind ein typisches Fulgurationsprodukt.

KANITSCHEIDER: Sehr wichtig ist dabei der scheinbare Widerspruch: Der Algorithmus ist völlig deterministisch, und das späte Produkt kann erstaunlich kreativ sein.

KREUZER: Karl Popper hat sein Leben lang gegen alle deterministischen Deutungsversuche, insbesondere das Leben betreffend, Krieg geführt. Er sagt: Wenn auch nur ein winziges Stückchen der Welt indeterministisch ist, dann ist es die ganze Welt. Für die Frage Determinismus/Indeterminismus galt für ihn, was für die Schwangerschaft gilt: Ein bisschen schwanger kann man nicht sein.

KANITSCHEIDER: Nun, möglicherweise liegt hier doch kein unüberbrückbarer Gegensatz vor. Man braucht nicht unbedingt den Indeterminismus, um kreativ zu sein oder irgendwann nach einer unabsehbar langen Strecke kreativ zu werden, auch ein lokal völlig kausal-deterministisch agierendes System ist immer für Überraschungen gut.

KREUZER: Wir können leider dieses hochinteressante Problem nicht mehr mit Karl Popper diskutieren. Ich könnte mir vorstellen, dass er auf seiner Meinung beharrt, aber ein verbales Entgegenkommen anbietet. Ich denke an das Gedankenfeld prästabilisiert/poststabilisiert: Ein poststabilisiertes System schaut rückblickend so aus, als sei es prästabilisiert gewesen. Vielleicht zeigen die Experimente aus dem Supercomputer, dass man in Fragen der Determiniertheit und der Kreativität mit neuen Begriffen arbeiten muss. Das Ganze erinnert mich an mein Gespräch mit Professor Pietschmann über die Unverständlichkeit der Quantenmechanik. Man kann begreifen, dass man sie nicht verstehen kann. Übrigens hat ja Popper wie auch Albert Einstein bei den problematischsten Aussagen der Quantentheorie Protest eingelegt; da ging es um den Realismus wie in unserem Beispiel um den Indeterminismus.

KANITSCHEIDER: Wir haben vorhin über die Bedeutung der Chaos-Theorie, deren Aussagen mit den eben erwähnten Experimentalergebnissen nicht identisch sind, einige Worte gewechselt. Dabei geht es um die große Bedeutung minimaler Abweichungen in den Anfangsbedingungen chaotischer Systeme. Diese winzigen Abweichungen können erstaunliche Fernwirkungen haben. Dies ist aber keine Antwort auf die eben erörterten Fragen der deterministischen Algorithmen. Zelluläre Automaten und instabile dynamische Systeme haben nur dies gemeinsam, dass sie *deterministisch* sind und dennoch *kreativ*.

KREUZER: In diesem Zusammenhang möchte ich eine Frage wiederholen, die ich bereits mit Professor Riedl erörtert habe: Wieso wird das Problem der Evolutionsrichtung nach „oben" nicht allgemein im Zusammenhang mit den Jahrhundertleistungen Ludwig Boltzmanns und Erwin Schrödingers gesehen? Der Entropiesatz, also das Gesetz vom Zerfall jeglicher Ordnung auf lange Frist, und die Neg-Entropie-Formel, die zeigt, wie die Entropie überlistet werden kann, nämlich durch das Leben, geben doch einen Erklärungsrahmen, gleichgültig, ob man sie auf den gesamten Kosmos, auf das biologische Schicksal unseres Planeten oder auf das Abenteuer des menschlichen Geistes anwendet.

KANITSCHEIDER: Die Frage heißt: Was ist der Ursprung der einsinnigen Prozesse in der Welt? Den Ausdruck dieser Tatsache der Einsinnigkeit kriegen wir zu fassen in der An-Isotropie der Zeit, die sich auf vielfache Weise in der Natur manifestiert, von der Expansion des Universums bis zur Asymmetrie des Gedächtnisses, also der Tatsache, dass wir uns nur an die Vergangenheit, aber nicht an die Zukunft erinnern können.

KREUZER: Wir sollten klarstellen: Die Raum-Dimensionen sind isotrop, also kann man überall hingehen, die Zeit-Dimension ist an-isotrop, deshalb können wir uns weder nach vorne noch nach hinten bewegen. Zeit-Reisen bleiben Hollywood überlassen.

KANITSCHEIDER: Der Zweite Hauptsatz der Thermodynamik, der das Wachstum der Entropie festlegt, muss nicht die ultimative Basis der Erklärung der Zeitrichtung sein. Man kann den Entropie-Satz auch noch explanativ tiefer legen. Die Entropie hat jedenfalls etwas zu tun mit den Randbedingungen unseres Kosmos, und die wichtigste Randbedingung, unter der alle Prozesse des Universums stehen, ist die

Expansion des Kosmos. Die jüngsten Überlegungen in der Kosmologie betreffen den Vorrang dieser im Urzeitpunkt gefällten Entscheidung über den Expansionsprozess. Die Richtung der Zeit und somit des Raum-Zeit-Kontinuums ergibt sich aus dieser Entscheidung ebenso wie die Entropie.

KREUZER: Ich möchte an diesem Punkt die für unser Gespräch entscheidende Frage nach der Abgrenzung zwischen Naturwissenschaft und Metaphysik in Erinnerung bringen. Eine der genannten Urentscheidungen ist ja wohl nicht weiter hinterfragbar. Daran schließt sich aber die für unser menschliches Schicksal größte metaphysische Frage nach Sinn oder Unsinn aller Gesamtvorgänge für unser Leben als Einzelmenschen und als Menschheit an. Das ist die Frage, was Sie, Herr Professor, vom „anthropischen Prinzip" halten, das von niemand Geringerem als dem Spitzen-Kosmologen Steven Hawking populär gemacht wurde. Das ist aber auch die Frage nach der Rangordnung der Erfindungen: Ist die Erfindung unserer Welt im „Urknall" oder sonstwie auch die Erfindung des Lebens auf diesem einen oder auch Milliarden von Planeten und somit die Erfindung des Menschen und seiner Erfindungen?

KANITSCHEIDER: Ich stehe dem Thema „anthropisches Prinzip" wesentlich kritischer gegenüber als vor Jahren, als wir es diskutiert haben. Es gibt davon eine so genannte schwache Version, diese ist eine Trivialität: Unsere Welt hat alles ermöglicht, was bei uns nun einmal passiert ist. Dieses Universum ist also so, dass es uns ermöglicht hat, sonst wären wir nicht da. Rückblickend schaut das zumindest für uns sinnvoll aus. Die drei anderen Versionen des „anthropischen Prinzips" sind als falsch erkannt. Da gibt es das „starke" Prinzip: Es können nur solche Universen entstehen, die letztlich intelligente Wesen produzieren, die ihrerseits diese Welt beobachten können. Eine weitere Version ist noch „stärker": Die Welt ist dazu da, so etwas wie Leben und schließlich Geist hervorzubringen, also eine teleologische Welt mit uns als zumindest vorläufigem Ziel. Das „allerstärkste" Prinzip nimmt an, dass es die Welt gar nicht real gegeben hat, ehe sie beobachtet wurde; sie ist erst durch die Beobachtung zur Welt geworden. Die Frage nach dem Vorher beantwortet sich durch die Annahme einer „Kausalitäts-Schleife". Der Beobachter zu späten kosmischen Zeiten erzeugt erst den definiten Zustand des Universums. Für keines der letzten drei Prinzipien spricht irgendein greifbares Faktum.

KREUZER: Na ja, das kennen wir ja schon, das ist ziemlich identisch mit der Kopenhagener Version der Quantenmechanik, die ja die Beobachtung zur Vorbedingung der Realität macht.

KANITSCHEIDER: Die Argumentation für das letzte, partizipatorische anthropische Prinzip ist tatsächlich quantenmechanisch. Das Universum wird in einer quantentheoretischen „Superposition" vermutet. Die Beobachtung erschafft die konkrete Welt mit rückwirkender Kausalität.

KREUZER: Auf der Suche nach den Grenzen zur Metaphysik haben wir noch eine sehr reizvolle Station vor uns, die aber durch jahrtausendelange Leib-Seele-Diskussionen konsumiert erscheint. Schöne Pointe aus dem Gespräch Popper/Lorenz: Popper grenzt die Entstehung des hohen Ich-Bewusstseins durch Rückkopplung der letzten Evolutionsstufe („Hirn macht Sprache, Sprache macht Hirn") von den Tieren ab, Lorenz bezieht sich auf den starken Ich-Auftrieb des krähenden Gockels. Zu einfache Lösung: Der Gockel steckt im Menschen, der Mensch nicht im Gockel. Dabei ist das Zentralthema nicht erörtert worden: Der Mensch hat mit den Tieren, vielleicht mit allen Lebewesen das gemeinsam, was man traditionell Seele nennt und neuerdings Qualia – also das Universum seiner Gefühle und Färbungen: Freud und

Leid, Genuss, Hunger, Durst, Angst; rot und grün, süß und sauer, Veilchenduft und Schwefelgestank. Wichtigste, vielfach übersehene Gefühlsfunktion, die den Geist betrifft: Stolz und Scham, Neugierde und Langeweile – also alle *Gefühle, die die Entstehung des Geistes begleitet und motiviert haben.* Da geht (zum Unterschied von den drei „waagrechten" Hiatus-Stufen Urknall, Urzeugung, Ursprung des Ich) ein vertikaler Hiatus durch die Welt. Natürlich wissen wir immer genauer, wo die Gefühle im Hirn sitzen, wir können sie auch einschläfern oder ausschalten. Was aber sind sie eigentlich? In Amerika ist das Thema zwischen den Nobelpreisträgern Crick und Edelman zugespitzt worden. Crick sagt: Mit dem Qualia-Problem wird die Naturwissenschaft letztlich fertig. Edelman sagt: Das Qualia-Problem ist nicht zu knacken.

KANITSCHEIDER: Das Kernargument der Qualia-Metaphysik ist die Unmöglichkeit, die Gefühle eines anderen Lebewesens ich-haft nachzuerleben; daran muss angeblich die Qualia-Reduktion scheitern. Die Reduktionisten sagen: Was nicht physikalisch existiert, kann nicht wirken; also muss sich das Problem durch immer genauere anatomisch-physiologische Forschung lösen lassen. Mich beeindruckt die Theorie der Meta-Repräsentation: Gefühle erklären sich aus der Repräsentation geistiger Repräsentationen. Wir empfinden uns als solche, die Lust oder Leid fühlen.

KREUZER: Also, Argument für Sie: die Narkose. Der Schmerz entsteht, die Weitergabe an die Meta-Repräsentation wird unterbrochen. Ähnlicher Vorgang beim Heroingenuss.

KANITSCHEIDER: Ganz richtig. Die Anästhesie ist der stärkste Hinweis zum Verständnis des Bewusstseins.

KREUZER: Vielleicht noch eine historische Unterstreichung. Mir kommt bei so viel Goethe der Schiller zu kurz. Er lässt in der „Jungfrau von Orleans" den sterbenden Feldherrn Talbot sagen:

Bald ist's vorüber und der Erde geb' ich,
der ew'gen Sonne die Atome wieder,
die sich zu Schmerz und Lust in mir gefügt.

KANITSCHEIDER: Dieses Zitat habe ich nicht gekannt. Eine bemerkenswerte Pointierung des reduktionistischen Standpunktes.

KREUZER: Lassen Sie sich bitte mit noch einer Frage quälen: Wird man bei der Computer-Kopie des menschlichen Denkapparates jemals Qualia einbauen können? Der Wiener Artificial-Intelligence-Professor Trappl sagt: Nein.

KANITSCHEIDER: Die Frage ist unentschieden. Wenn es gelingen sollte, in vielleicht zwanzig Jahren, die gesamte Neuroanatomie des Gehirns mit Hilfe eines Computer-Tomografen zu scannen, müssen wir abwarten, wie sich dieses vollständig kopierte System verhält. A priori möchte ich dem elektronischen System, das nun die gesamte Information eines biologischen Gehirns trägt, das Bewusstsein nicht absprechen. Man wird das System befragen müssen.

KREUZER: Damit möchte ich Sie um eine abschließende Antwort bezüglich der Grenze von Naturwissenschaft und Metaphysik bitten. Diese Trennung war das zentrale Anliegen des Wiener Kreises. Die Kernmannschaft wollte die Metaphysik ausgrenzen, besser noch abschaffen. Der Messias des Wiener Kreises, Ludwig Wittgenstein, wollte nur Klarheit: Wovon man nicht (wissenschaftlich) reden kann, darüber muss man (wissenschaftlich) schweigen; dabei war er eigentlich ein Mystiker: Nicht wie die Welt ist, ist das Mystische, sondern dass sie ist. Karl Popper war ebenso klar, aber tolerant und optimistisch: Metaphysik ist Vor-Wissenschaft und wird zur Wissenschaft, wenn sie widerlegbare Sätze aufstellt. Kurt Gödel hat durch den Beweis der Existenz wahrer, aber unentscheidbarer Theoreme einen wichtigen Beitrag zur Meta-Mathematik geleistet: Ein System kann sich nicht selber verstehen – was wohl auch für das Gehirn gilt.

KANITSCHEIDER: In den Formalwissenschaften gibt es eine klare Trennung zwischen lösbaren und unlösbaren Problemen. Sie haben Gödel erwähnt. Er hat klargestellt, dass gewisse Systeme unentscheidbare Sätze enthalten. Wir wissen, dass andere Systeme nicht rechnerisch erfassbar sind. Wir wissen, dass es unlösbare Gleichungen gibt. Diese sichere Situation hat man außerhalb der Formalwissenschaften nicht. Bei faktischen Wissenschaften, die nicht eingekleidete Formalprobleme wie die Quadratur des Kreises enthalten, gibt es keine Antworten im Sinne eines Ignorabimus (wir werden es niemals wissen).

KREUZER: Nun kann ich Ihnen doch die letzte Frage nach dem „Lieben Gott" nicht ersparen. Sie ist natürlich nicht religiös gemeint und nicht scherzhaft wie unsere Effel-Cartoons. Ich meine den Lieben Gott, den man auch als „Die Natur" oder sonstwie bezeichnen kann, also das namenlose *Agens*, das allem voran steht. Einstein hat diesen Gott in seinem Sprachschatz gehabt, Lorenz hat sich das bloße Wort GOTT aus Respekt verbeten. Wie halten Sie es?

KANITSCHEIDER: Man kann die Natur mit dem metaphysischen Term eines göttlichen Wesens bekleiden, dann landet man beim so genannten Pantheismus. Spinoza, Einstein und andere Vertreter einer kosmischen Religiosität waren so ergriffen von der Schönheit und Gesetzesartigkeit des Universums, dass sie dieses Gefühl in Worte fassen wollten. Aber wie schon Schopenhauer bemerkte, ist der Pantheismus nur ein frommer, verhüllter Atheismus. Wenn man schon Metaphern liebt, dann kann man auch der Natur selber gegenübertreten, sie bewundern und staunen, dass sie so viel Großartiges hervorgebracht hat.

KREUZER: Herr Professor, ich danke für dieses Gespräch.

Das große Staunen
Gespräch mit Christiane Thurn

KREUZER: Im Sinne unseres Anstoß-Motivs Bionik und unserer auf die Expo 05 bezogene Ziel-Motivation „wisdom of nature", die auch die Grenzen der Bionik, also die Grenzen der Naturwissenschaft, einschließt, nähern wir uns den terminalen Themen der Abgrenzung zwischen Physik, verstanden als umfassende Naturwissenschaft, und der Metaphysik, also des Bereiches, der außerhalb der Naturwissenschaft liegt. Wir haben ja einen bedeutenden gemeinsamen Freund, den Alternativ-Nobelpreisträger Hans-Peter Dürr, mit dem du ja sicher das Thema ausführlich erörtert hast...

THURN: ... er bezeichnet die Wissenschaft als eine Metapher unter vielen anderen, als ein Gleichnis. Er sagt: „Ich habe die Grenzen der Wissenschaft gesehen und bin nicht erschrocken." Das nenne ich einen kühnen Satz!

KREUZER: ... ein Gleichnis, das ich vorerst wichtig nehme. Karl Popper verwendet den Begriff der Metapher gleichwertig mit dem Begriff analog. Bei ihm kommt allerdings heraus, dass die Analogien letztlich als Homologien begriffen werden können, wenn sie eine gemeinsame Wurzel haben. Als ein wichtiger durchgehender Begriff in unseren Gesprächen hat sich die „Erfindung" angeboten, wobei erfinden schon sprachlich mit „finden" zusammenhängt; finden kann man nur, wenn man sucht. Ob man nur „herumsucht" (englisch: „tinkering") wie es in der allgemeinen Natur zu vermuten ist, oder ob das Suchen auf „Theorien" beruht, ist ein großer, vielleicht nicht absoluter Unterschied. Das haben uns Karl Popper und Konrad Lorenz in ihrem Kamingespräch über „Nischen" dargelegt. Wenn es dir recht ist, bleiben wir beim innersten Findungs- oder Erfindungsvorgang, beim „Göttlichen Funken" Arthur Koestlers. Wie erlebst du als Dichterin diese Geburtswehen und Geburtsfreuden des geistigen Schaffens?

THURN: Ich glaube, dass da eine ganz wichtige Dimension dazukommt: die weibliche Erfahrung. Die allerwichtigsten Vorgänge dieser Welt finden ohne unser Zutun statt. Das ist eine sehr grundsätzliche Erfahrung der Mutterschaft als Hauptwert der Existenz, dass nämlich ein so komplexes, unerhörtes, unvorstellbares Wunder geschieht – ohne dass ich selbst interveniere. Das ist eine Erfahrung, die ein Wissenschaftler, also ein männliches Wesen, nie gehabt hat und nicht haben kann. Das befreiende Lachen nach einer Geburt ist eine emotionelle Wirklichkeit, die man nur noch beim Sterben erleben kann. Aber das ist wahrscheinlich eine provokante Angelegenheit.

KREUZER: Ein Mann würde also zum Beispiel sagen: Ich habe ein Kind gemacht...

THURN: ... die schreckliche Redewendung von Edward Teller in Bezug auf seine Wasserstoffbombe: „This is my baby."

KREUZER: Von den Schrecknissen der verbalen Weltgeschichte zurück zum Kinderkriegen. Du würdest also nicht sagen „ich habe ein Kind geboren" sondern...

THURN: ... ich würde sagen: es ist mir geboren worden. Das „Kindermachen" ist tatsächlich skandalös, eine schreckliche Anmaßung – nicht nur bezeichnend für männliche Mentalität und für weibliche Entfremdung, sondern für die unheimliche Begrenztheit des modernen Menschen. Ich finde es beschämend, die gesamte Realität in den Scheinwerferkegel der Wissenschaft zerren zu wollen und die Besessenheit anzufeuern, man müsse das Mysterium und alles darin Verborgene „knacken". Wir sollten lieber lernen zu staunen und das Einfachste als wunderbar anzuerkennen.

KREUZER: Wir haben die künstlerische Kreation mit der Geburt verglichen – mit einer äußerst wertvollen weiblichen Interpretation. Ich komme noch einmal auf den künstlerischen Aspekt zurück und zitiere aus einem Sonderheft des „Spiegel" über modernste Hirnforschung. Der Lyriker Durs Grünbein sagt unter anderem: „Für mich bedeutet schriftstellerische Kreativität, sich innerlich von der Welt zu entfernen. Natürlich schöpft ein Dichter nicht aus dem Nichts, sondern aus vielerlei Material. Dichten ist aber ganz sicher nicht in Teamarbeit zu leisten. Dieser Zustand ist dem in der Trance vergleichbar."

THURN: Der kreative Prozess geht durch mich und er wird in einer einzigartigen Weise durch mich „herausgekocht". Da läuft ein Prozess in dir ab – ohne dein Zutun. Deine Aufgabe ist, es zu hüten und Sorge dafür zu tragen. Es ist ein Erlebnis nach innen.

KREUZER: Ich zitiere noch aus dem „Spiegel" den Schriftsteller Vladimir Nabokov und komme damit auf den Begriff des Schauderns und des Staunens zurück: „Mir lief beim Finden der richtigen Worte ein Schauder über den Rücken."

THURN: Ja, wunderbar. Der Körper signalisiert mit einem Schaudern das Stimmige, das Wahrhaftige. Ich glaube nur nicht, dass ich durch „Trance" Zugang hätte zu einer schon „fertigen Antwort". Ich streite nur das Lebendige, das sich ewig neu Gebärende. Dies verursacht mein Schaudern.

KREUZER: Was dir offensichtlich missfällt ist der Gedanke, man könne mit einigem Geschick in eine vorhandene Bibliothek – heute würde man sagen ins Internet – hineingehen und herausholen, was man braucht.

THURN: Ja, die Vorstellung innerer Archive ist mir zu statisch. Der kreative Vorgang ist für mich wie ein Schwimmen im Ozean, wo man von Tausenden Lebewesen umgeben ist. Ich muss dabei bleiben, dass diese Vorstellung viel Weibliches an sich hat. Das Hervorbringen von Dichtung findet statt, indem du dich in Dankbarkeit berühren lässt von dem, was ist. Der Talmud sagt eindrucksvoll, wie diese Beteiligung an der Schöpfung zustande kommt: „Weil Gott nicht überall sein konnte, schuf er die Mütter."

KREUZER: Also: Arthur Koestlers „Göttlicher Funke" schlägt in eine Frau anders ein als in einen Mann.

THURN: Ja, in einer unmittelbaren Art, sozusagen transpersonal. Ich möchte aber eine Geburt mit der Hervorbringung eines literarischen Werkes nicht gleichsetzen. Da spielt ein ganzes Leben in der durch Männer geprägten Umgebung eine Rolle – in meinem Fall war es die akademische Ausbildung, die ich nun beim Schreiben nicht völlig verleugnen kann. Gott sei Dank.

KREUZER: Wir sind uns, wie ich glaube, über den kreativen Prozess, auch über die Unterschiede von männlicher und weiblicher Kreativität, ziemlich einig, soweit dies zwischen einem Mann und einer Frau im Sinne des von dir Gesagten überhaupt möglich ist. Ich möchte nun eine andere, umfassende Auswertung hinzufügen: Karl Popper hat im hohen Alter – ich glaube es ist nirgendwo abgedruckt worden – den Begriff des „Anthropomorphismus" geprägt –, und zwar mit positiver Bedeutung. Wenn wir in uns selbst oder in besonders hochgeschätzten Meistern und Meisterinnen den Vorgang der Schöpfung erleben, müssen wir wohl darauf vertrauen können, dass wir nicht nur eine Karnevals-Nummer auf einem Spaß-Planeten sind, sondern dass der von uns erlebte Schöpfungsvorgang eine dem Kosmos, jedenfalls aber dem Leben eigene Potenzialität in sich birgt – möglicherweise eine weibliche Potenzialität, die schon dagewesen sein muss, ehe noch die Sexualität als Evolutionsinstrument erfunden wurde. Man könnte sagen: Adam ist aus einer Rippe der Eva geschnitzt worden.

THURN: Für mich sind die Kreativität des Menschen und das kreative Potenzial der Welt ganz untrennbar. Ich kann mir nicht einmal gut vorstellen, wie es zu so einer Frage kommt.

KREUZER: Na ja, da stecken schon viele naturphilosophische Probleme dahinter: Urknall, Urzeugung, Ursprung des Geistes, die Richtung des Raum-Zeit-Kontinuums überhaupt und natürlich die uralten ontologischen Fragen, etwa ob man sich anstelle des Seins ein Nicht-Sein der Welt vorstellen kann.

THURN: Katastrophal ist die Vorstellung, dass „da draußen" eine Welt existiert, die getrennt ist von dem „da drinnen" des menschlichen Denkens und Erlebens.

KREUZER: Da muss man sich allerdings wieder fragen: Wie ist diese Entgleisung dem Lieben Gott überhaupt passiert?

THURN: Ich fand als junge Dozentin Trost bei meinen afrikanischen, noch mit den Natur-Religionen verbundenen Studenten, wenn sie mir sagten: Ich bedaure jeden, der den Sonnenuntergang erleben kann, ohne ein Schaudern zu empfinden. Ich kenne dieses urtümliche Schaudern aus meinen Kindheitserinnerungen und erlebe es in den Jahren des Älterwerdens aufs Neue.

KREUZER: Das Schaudern ist nicht sehr weit entfernt vom Staunen. Diesen Begriff haben wir uns sogar als Kapitel-Titel ausgesucht. Die Anregung dazu haben wir aus dem Buch „Das philosophische Staunen" von Jeanne Hersch. Ich füge ein, dass Karl Popper sagt: Alle Menschen sind Philosophen. Also müssten wohl alle Menschen das philosophische Staunen kennen, die einen mehr, die anderen weniger, die Kinder sicherlich am besten. Vielleicht kann man auch „philosophisch" weglassen. Das Staunen als solches ist ja philosophisch genug. Jeanne Hersch schreibt, dass man das Staunen auch lernen kann, etwa wenn einem die Frage bewusst wird: Wie kommt es, dass ich mich darüber noch nie gewundert habe? Das Staunen kann man also auch entdecken. Entdecken heißt Finden oder Erfinden; finden kann man nur, was man sucht. Insoferne ist alles Staunen auch Problem-Erkennen. Karl Popper sagt: Alles Leben ist Problem-Lösen.

THURN: Das Staunen ist da als Grundprinzip. Im Sinne unserer modernen Wissenschaft versuchen wir, uns das Staunen abzugewöhnen. Wenn wir so viel wie möglich, am besten alle Gesetze und Zusammenhänge der Natur kennen, dann werden wir aus dem Staunen herausfallen. Wir staunen im Theater, wenn wir eine Figur durch den Raum schweben sehen, weil die Beleuchtung das Tragseil nicht erkennbar macht. Die hinter der Bühne staunen nicht, weil sie den Trick kennen. So meinte es die Aufklärung.

KREUZER: Nicht zu reden von den Kunststücken der virtuellen Realität, also etwa Dinos, die durchs Zimmer laufen. Damit sind wir aber ganz hoch oben in der Technik und der ihr zugrunde liegenden Wissenschaft. Da sollten wir uns aber doch daran erinnern, dass nicht nur Kinder des Staunens und der Verblüffung besonders fähig sind, sondern dass man von den absoluten Spitzenwissenschaftlern in den höchsten Elfenbeintürmen sagt, sie hätten – sozusagen am anderen Ende – eine höhere Fähigkeit, das Staunen, das ganz große

Staunen zu erleben. Da fällt mir die einfachste Formulierung des Staunens aus kindlicher Sicht ein: „Oho!" Jedes „Oho!" hat natürlich ein „Aha!" zum Ziel – also das Durchschauen dessen, was einen vorher verblüfft hat. Die erwähnten Spitzenwissenschaftler haben so viel „Aha!" in sich, dass sie an die letzten „Oho!" kommen, an denen die Wissenschaft ihre Grenze findet.

THURN: Da wären sie ja dann endlich wieder in dem schönen Land der natürlichen Naivität angelangt, aus dem man uns durch lebenslanges Aha-Training vertrieben hat.

KREUZER: Vielleicht war es in den Achtzigerjahren ein Kult! Damals erschien ein Buch über die „Gnostiker von Princeton". Es wurden damals verschiedenste Weltspitzenforscher diesen „Gnostikern" zugeschrieben, manche von ihnen sind wahrscheinlich gar nicht gefragt worden. Eines war ihnen aber sicherlich gemeinsam, sie hatten sich irgendwelche Gedanken über die Grenzen der Naturwissenschaft und damit über die Grenzen der Metaphysik gemacht. Man hätte auch ein Buch über die „Agnostiker vom MIT" (Massachussetts Institute of Technology, die führende US-Universität für Technik) schreiben können, die sich jeder Erörterung oder auch nur Erwähnung von metaphysischen Aspekten widersetzt haben und noch immer widersetzen. Letztere, durchaus mehrheitsfähig, begründen ihre Haltung damit, dass man über die Metaphysik nichts aussagen kann. Das ist sicher richtig, daher ist es ja die Metaphysik.

THURN: Ich möchte mich keiner der Parteien zuordnen lassen. Aber ich erinnere an das, was ich von Professor Dürr zitiert habe: Die Naturwissenschaft ist eine Metapher, sie ist weder die ganze Welt noch repräsentiert sie die ganze Welt. Ich glaube allerdings, dass die Einsperrung der Wissenschaft in diese Metapher eine Geisteskrankheit des siebzehnten Jahrhunderts war, deren Ausbruch Descartes und Bacon –

von dem Goethe sagt „der Schurke" – zielweisend verursacht haben. Vorher war es undenkbar, die Wissenschaft mit Philosophie oder mit Weisheit zu vermengen. Jetzt sind wir so weit, dass die Wissenschaft unsere Weltanschauung diktiert und zum starren geschlossenen System macht, in dem alles subsumiert wird. Wenn man bedenkt, dass die Chinesen das Schießpulver oder die Windräder und viele andere durchaus brauchbare technische Errungenschaften erfunden haben, ohne die Weisheit ihrer Kultur über Bord zu werfen. Sie sind nicht auf die Idee gekommen, aus diesen zivilisatorischen Facilitäten eine Weltanschauung zu machen. Die Weisheit unserer Welt ist von der Technik und Technokratie zugedeckt wie von einem Ölteppich.

KREUZER: Die österreichische Philosophie des vorigen Jahrhunderts wird dir in diesem Sinn nicht viel Freude gemacht haben. Der Kern des so genannten Wiener Kreises hat sich tatsächlich vorgenommen, die Philosophie auf Sprachkritik zu beschränken und die Wissenschaft völlig von metaphysischen Elementen zu säubern. Allerdings solltest du beachten, dass die Allergrößten dieser Zeit, die dem eigentlichen Wiener Kreis gar nicht angehört haben, verschiedene „gnostische" Überlegungen angestellt haben. Ludwig Wittgenstein, der Messias des Wiener Kreises, hat zwar die sauberste Abgrenzung zur Metaphysik formuliert („wovon man nicht reden kann, darüber muss man schweigen" – gemeint war natürlich wissenschaftliches Reden und wissenschaftliches Schweigen). Andererseits war er durch und durch ein Mystiker: Wenn die Welt einen Sinn hat, dann ist dieser nur außerhalb der Welt zu finden – gemeint war wieder die wissenschaftliche Welt oder auch: Gott offenbart sich nicht in der Welt, oder: Nicht wie die Welt ist, ist das Mystische, sondern dass sie ist. Karl Popper hat sich viel offener ausgedrückt, für ihn galt Metaphysik als Vor-Wissenschaft, die durch die Aufstellung widerlegbarer Sätze wissenschaftlich werden konnte. Über eine Metaphysik als Nach-Wissenschaft, also jenseits der Erkenntnis-Grenzen, hat er nichts gesagt, weil er alle Zukunfts-Optionen offen halten wollte. Kurt Gödel, der größte Mathematiker des Jahrhunderts, hat bewiesen, dass die Arithmetik keine Axiome hat, mit der Konsequenz, dass Systeme sich selber nicht verstehen können – also etwa das menschliche Hirn. Nur Metasysteme können Systeme verstehen, über die Sprache kann man also etwa nur in einer Metasprache reden; daraus ergibt sich allerdings ein endloses System von Meta-Meta-Meta-Zwiebelschalen.

THURN: Ich habe mit Hans-Peter Dürr lange Gespräche über dieses Thema geführt und habe dabei festgestellt, dass es im zwanzigsten Jahrhundert tatsächlich mehr als eine beginnende Einsicht in die Grenzen der Naturwissenschaft gegeben hat. Um es im Sinne von Hans-Peter Dürr zu sagen: In den bis über die Grenzen der Verständlichkeit hinausreichenden Gebieten der Wissenschaft tritt so etwas in Erscheinung wie eine Einsicht, dass nicht alle offenen Fragen der Welt mit den Mitteln der Wissenschaft lösbar sein werden. Das Bedauerliche ist, dass die technokratische Grundhaltung, die sich in den letzten Jahrhunderten aufgebaut hat, von diesen Einsichten noch nicht Kenntnis genommen hat und nicht nehmen will. Sie funktioniert als ein destruktiver Fundamentalismus. Die Menschen leben noch immer im blinden Glauben, dass die Wissenschaft eine Religion ist und dass die Wissenschaftler ihre Götter sind. Wir haben noch immer das, was man eine wissenschaftliche Inquisition nennen könnte.

KREUZER: Nun, vielleicht bist du ein bisschen zu pessimistisch. Ein erkennbarer Trend geht ja in den äußersten Grenzbereichen der Wissenschaft eben in die Richtung, das große Staunen, wie wir es besprochen haben, zurückzugewinnen. In dem Gespräch, das ich mit Professor Pietschmann geführt habe, sind wir zu der vielleicht ganz nützlichen Formulierung gekommen, man müsse begreifen, dass man nicht alles verstehen kann. Friedrich von Hayek hat recht treffend formuliert, dass wir nicht alles kennen können, was wir kennen möchten.

Wir sollten aber dem Ende unseres Gespräches zusteuern und in dem nun abgesteckten Bereich des Metaphysischen den Begriff des „Lieben Gottes" nicht ganz aus den Augen verlieren. Du hast mir einmal die Beziehung zwischen Gott und der Welt mit einer arabischen Geschichte klargemacht.

THURN: Ja, ich weiß schon, was du meinst. Die Geschichte handelt von einem überaus frommen, geradezu gottessüchtigen Moslem. Er steigt auf sein Kamel, reitet zum Gotteshaus, wirft sich dort auf den Boden und fühlt sich eine Stunde lang in der Nähe Gottes. Dann kommt er völlig gottestrunken auf die Straße, blickt noch ganz verstört um sich und bemerkt dann, dass sein Kamel verschwunden ist. Er hebt die Hände zum Himmel und hadert mit Gott: „Da komme ich zu dir und rede eine Stunde mit dir – und du kannst nicht einmal auf mein Kamel aufpassen!" Ein alter Mann kommt auf einem Esel vorbei, er erkundigt sich nach dem Unglück, schüttelt schließlich den Kopf und sagt: „Warum hast du dein Kamel nicht angebunden? Weißt du denn nicht: Gott hat nur deine Hände!"

KREUZER: Mir ist die Geschichte in ihrer umfassenden Bedeutung in Erinnerung, weil sie mich an einen herrlichen Ausspruch des leider verstorbenen Wiener Physikers Roman Sexl erinnert hat: Gott – ja, er hat „Gott" gesagt – *lässt sich nicht als Fremdarbeiter in seiner eigenen Schöpfung beschäftigen.* Deine Geschichte und dieser Ausspruch geben nicht nur eine Episode wider, sondern eine umfassende Weltsicht. Der „Liebe Gott", wenn man ihn so nennen will, oder das völlig unpersönliche Agens, das die Welt erschaffen hat oder von Ewigkeit zu Ewigkeit in Bewegung hält, hat dieser Welt eine umfassende kreative Potenzialität gegeben, er oder „es" greift aber an keiner Stelle und zu keiner Zeit in die Welt ein, um sie nachzujustieren. Die Welt ist offen, spontan, fantasievoll und im Einzelnen durch den Zufall gesteuert. Der „Liebe Gott" verrät nicht, durch welches Geheimnis aus den Zufällen nicht nur Unfälle, sondern auch Einfälle werden. *Er hat das Erfinden erfunden.*

THURN: Da sollte man daran erinnern, dass Gott – der religiöse Gott der Juden – dem Ur-Propheten Moses nicht nur einmal als brennender Dornbusch erschienen ist, sondern noch ein weiteres Mal, um ihm das tiefste Geheimnis der Welt zu zeigen: den *Knoten*. Moses darf auch in diesem Fall seinem Gott nicht ins Gesicht schauen, er darf ihm nur nachblicken. Dieser kosmische Knoten ist bemerkenswerterweise nicht hinreichend beachtet worden. Der Knoten hält die Welt zusammen, du weißt nie, an welchem Ende des Knotens du einen Faden ziehst. Der Knoten ist nicht auflösbar. Deswegen sind ja sinnlose Optimisten im Irrtum, wenn sie an einer Stelle des Knotens ziehen, dabei Glück erleben und glauben, dass sie den Glücksfaden ohne Ende weiter ziehen können; ebenso im Irrtum sind natürlich sinnlose Pessimisten, die am Unglücksende eines Fadens zugreifen und nun erwarten, dass alle Fäden in Gottes Knoten zum Unglück führen. Das Geheimnis des Knotens besagt auch, dass die Welt nicht repetierbar ist, dass man sie nicht willkürlich wiederholen kann; man bekommt immer ein neues Stück des ewigen Fadens in die Hand, der zum Knoten geschlungen ist. So muss man auch die leichtfertige historische Anekdote verstehen, die berichtet, dass Alexander, den man den Großen nennt, den „Gordischen Knoten" – ein Symbol wie der Knoten des Moses – aufgelöst hat, indem er ihn mit dem Schwert durchschlug. Das klingt wie die Verherrlichung eines kriegerischen Triumphes, bezeichnet aber den Beginn des historischen Unglücks, an dem wir auch heute noch leiden: Mit der Durchschneidung des Gordischen Knotens durchschneidet Alexander als Exekutor der drohenden Neuzeit die Beziehung zur göttlichen Welt.

KREUZER: Wenn man diese bewegende Deutung nicht als endgültige Selbstverurteilung auffasst, sondern als Mahnung, so heißt das: Den Gordischen Knoten darf man nicht durchschlagen – man kann ihn allerdings auch nicht auflösen. *Die Welt bleibt ein Knoten und das ist gut so.*

THURN: Man kann Faden für Faden aus diesem Knoten ziehen und staunen. Dieser göttliche Knoten ist auch kein wirrer Knoten. Seine unendlichen Verknüpfungen sind ein Mysterium. Man kann auch sagen: Der Zugang zu den Fäden dieses Knotens trennt die erlebbare, sichtbare Welt von der unerfahrbaren, unsichtbaren. Den Sinn findet man auf der „anderen Seite". Augustinus hat die Knoten-Metapher eindrucksvoll, aber in einem anderen Bild erklärt: Wenn du einen Teppich von der Rückseite siehst, erscheint er dir als Gewirr unzähliger Knoten, drehst du ihn aber um, siehst du die ganze Schönheit des Musters. Wir sind leider dazu verurteilt, unsere Welt als Rückseite des Teppichs zu betrachten, die Vorderseite können wir nur ahnen und erhoffen.

KREUZER: Ich habe hier dankenswerterweise ein zwingendes Stichwort zu dem, was mir als letztes Thema unseres Gesprächs vorschwebt: Es geht um die Welt der Gefühle, die man in einer großen wissenschaftlichen Auseinandersetzung zwischen den größten Nobelpreisträgern des vorigen Jahrhunderts, im „Jahrzehnt der Hirnforschung", also in den Neunzigerjahren, als *„Qualia"* bezeichnet hat. Das Thema wurde schon an anderer Stelle behandelt: Qualia sind innere Erlebnisse wie Farben, Melodien, Düfte, Geschmackseindrücke, aber – und das wird bei der falschen Gegenüberstellung von „Geist" und „Seele" völlig verdrängt – auch jene Qualia, die das geistige Leben betreffen und ohne die die Entwicklung unseres Bewusstseins sinnlos und daher unmöglich gewesen wäre; ich meine die tausendfältige gefühlsbetonte Bewertung geistiger Vorgänge, wie etwa Stolz und Scham, die Qual des Suchens und die Lust des Findens und

Erfindens. Auch die Faszination des Staunens gehört sicherlich dazu, ihre angeborene körperliche Reaktion ist das weit geöffnete, „aufgerissene" Auge. Konflikt der Spitzenwissenschaft: Der DNS-Nobelpreisträger Francis Crick sagt: Die Hirnforschung wird auch die Qualia knacken. Der Immun-Nobelpreisträger Gerald Edelman sagt: Die Qualia sind nicht reduzierbar – auch wenn es klar ist, dass ihre Entstehung beziehungsweise ihre Unterdrückung, eine organische Basis haben.

THURN: Das erfolglose Bemühen von Hirnanatomen und Physiologen, durch immer genauere Erforschung der Nervenfunktionen endlich die Seele dingfest zu machen, erinnert mich an die Versuche der Physik, auf dem Weg der materiellen Gegenstände über Moleküle, Atome, Quarks bis tief hinein in die Quantentheorie die allerkleinsten Elemente der Welt zu finden. Am erkennbaren Ende dieser Suche steht die Leere oder das Geheimnis der Leere.

KREUZER: Noch einmal zurück zur Grenze zwischen Physik und Metaphysik. Das Qualia-Thema zeigt ja das ewige Problem von Leib und Seele in einem neuen Licht: Leib und Seele nicht als verschiedene Substanzen oder parallele Ereignisabläufe, sondern als ein Ganzes, dessen Gefühlsseite – ich erinnere an die Teppich-Metapher – für die Wissenschaft nicht zugänglich, jedenfalls nicht reduzierbar ist. Der entscheidende Test spielt sich im Bereich der AI, artificial intelligence, künstliche Intelligenz ab, die auf der Suche nach dem voll-menschlichen Computer ist. Beim letzten großen Computer-Kongress hat ein putziger japanischer Roboter Beethovens Fünfte Symphonie dirigiert. Fragt sich nur: Hat er die Musik erlebt? Natürlich nicht. Also bleibt bei völliger Perfektion künstlicher Gehirne bis hinauf zu einem funktionellen Ich-Bewusstsein die Frage, ob ein Ultracomputer Lust und Leid erleben kann. Professor Kanitscheider hat sich in dieser Frage bedeckt gehalten. Das Problem ist übrigens nicht nur ein menschliches, zum Unterschied vom Geist muss man sich ja die Seele, also die Qualia, als Eigenheit allen Lebens, vielleicht sogar in kosmischen Dimensionen vorstellen.

THURN: Als Antwort erinnere ich an eine Anekdote betreffend unseren Freund Hans Peter Dürr. Er traf in Berlin eine amerikanische Spitzenwissenschaftlerin, die die künstliche Intelligenz propagierte. Professor Dürr, den ich im Allgemeinen als ruhigen und freundlichen Menschen kenne, hat gegen die Dame aus Amerika so vehement argumentiert, dass sie in Tränen ausgebrochen ist und den Saal verlassen hat. Dürr hat dargelegt, wie arrogant es ist, alles das, was die AI an Trivialitäten zustande gebracht hat, allein von der Informationsfülle und Vernetzung her mit natürlichen Hirnen zu vergleichen. Nach heutigem technischem Standard müsste ein solcher Computer so groß sein wie der Planet Erde.

KREUZER: Deine Meinung in dieser Frage habe ich vorausgesetzt. Dass dich Hans-Peter Dürr zusätzlich motiviert hat, kann ich mir vorstellen. Ich muss also nicht noch einmal auf das eigentliche Kernproblem verweisen, das auch in tausend Jahren ebenso unlösbar sein dürfte wie heute. Um abschließend noch einmal den Begriff der Bionik und den Titel unseres Buches in Erinnerung zu bringen, würde ich sagen: Wer einem Computer eine Seele einhauchen, also das terminale Patent der Natur anmelden kann, der hätte eigentlich jenen Nobelpreis verdient, den wir dem Lieben Gott zugedacht haben. *Er wäre dann nämlich der Liebe Gott.* Ich glaube, dass dieser metaphorische Nobelpreis dem Lieben Gott bleibt, auch wenn wir ihn wissenschaftlich korrekt und weniger populär als umfassendes Agens bezeichnen. Das Nobelpreiskomitee hätte allerdings Schwierigkeiten mit der postalischen Zustellung.

THURN: Ich bin unter Bomben geboren worden. Ist es der Grund dafür, dass Leben mir nie selbstverständlich vorkam? Ich bin aus dem Staunen nie herausgekommen, dass es Leben gibt und nicht nichts. Bis heute habe ich mich nicht daran gewöhnen können – und Gott behüte mich, aus diesem begnadeten Zustand herauszufallen! *Das Ergriffensein von der Schöpfung, das Erfasstsein, ist der Schlüssel zur Lebendigkeit.*

KREUZER: Von dir habe ich zum ersten Mal die wunderbaren Verszeilen gehört, deren Ursprung, man vermutet die Mystiker des 17. Jahrhunderts, umstritten ist:

Ich komm', weiß nit woher,
Ich geh', weiß nit wohin,
Mich wundert, dass ich so fröhlich bin.

Damit sind die elementaren Eckpunkte der Metaphysik, also der Mystik genannt: In der Mitte zwischen dem unfassbaren Werden und Vergehen das Staunen über die Fröhlichkeit. Manchmal hab ich mir gedacht, er hätte auch schreiben können: wen wunderts, dass ich so traurig bin. Das ist ja ein schwer aufhebbarer Widerspruch in der Gefühlswelt, wenn sie schon vom Lieben Gott kommt: Warum gibt es nicht nur Fröhlichkeit, sondern auch Traurigkeit?

THURN: „Das Gute und das Böse sind die rechte und die linke Hand Gottes", heißt es in der Kabbala. Eines kann nicht ohne das andere sein. Der Physiker Basarab Nicolescu hat es bezaubernd ausgedrückt: „Wenn der Teufel sich bekehren ließe, würde im selben Augenblick die Welt aufhören zu sein." Wenn ich staunend zu einem sternenklaren Nachthimmel hinaufschaue, so kann ich die Sterne nur sehen, weil sie sich von der Dunkelheit abheben.

KREUZER: Christiane, ich danke für das Gespräch.

Epilog

Faust:
Der du die weite Welt umschweifst,
Geschäft'ger Geist, wie nah fühl' ich mich dir!

Erdgeist:
Du gleichst dem Geist, den du begreifst,
Nicht mir!

Johann Wolfgang von Goethe,
Faust I, Erdgeist-Szene

Kurzbiografien

Die Gesprächsteilnehmer

ARIK BRAUER, geboren 1929, Maler, Bühnenbildner, Sänger und Dichter. 1945–1951 Studium an der Akademie der bildenden Künste in Wien bei R. C. Andersen und A. P. Gütersloh. Brauer ist einer der Hauptvertreter der Wiener Schule des Phantastischen Realismus. Seine Lieder im Wiener Dialekt (erste Schallplatte 1967) begründeten den Austropop mit. 1985–1997 Professor an der Akademie der bildenden Künste in Wien.

WERNER NACHTIGALL, geboren 1934. Studium der Naturwissenschaften (Biologie, Physik, Chemie, Geografie) an der Universität München. Promotion 1959 im Fach Zoologie. Habilitation 1966, danach Forschungsaufenthalt im neurophysiologischen Labor von D. Wilson an der University of California, Berkeley. Seit 1969 Ordinarius für Zoologie am Zoologischen Institut der Universität des Saarlandes. 1990 Gründung der Ausbildungsrichtung „Technische Biologie und Bionik".

BERND LÖTSCH, geboren 1941, Biologe. Seit 1969 in Umweltfragen engagiert. Ab 1986 Universitätsprofessor in Salzburg, Aufbau des Instituts für Umweltwissenschaften und Naturschutz in Wien. Ab 1986 Präsident des Nationalparkinstituts Donau-Auen. Seit 1994 Generaldirektor des Naturhistorischen Museums in Wien.

RUPERT RIEDL, geboren 1925. Studien in Medizin und Kulturgeschichte, Promotion in Biologie und Anthropologie. 1948–1952 Leitung von Meeresexpeditionen, seit 1952 Lehrtätigkeit in Österreich und den USA, ab 1971 Vorstand des Instituts für Zoologie an der Universität Wien, seit 1988 Vorsitzender des Konrad-Lorenz-Instituts für Evolutions- und Kognitionsforschung in Altenberg.

FRANZ WACHTLER, geboren 1955, Studium der Medizin in Wien, Promotion 1979. Ab 1978 Assistent am Histologisch-Embryologischen Institut der Universität Wien. Verschiedene Auslandsaufenthalte (Dept. of Anatomy der University of Pennsylvania, Gastprofessur am Bejing Cancer Research Institute), seit 1996 Vorstand des Instituts für Histologie und Embryologie der Universität Wien, seit 1999 Ordinarius an diesem Institut.

HERBERT PIETSCHMANN, geboren 1936, Physiker. Studium der Mathematik und Physik in Wien. 1961 Habilitation in Theoretischer Physik an der Universität Wien. Ab 1961 Forschungsjahre am CERN in Genf, in Virginia (USA), Göteborg (Schweden) und Bonn. Zahlreiche Vortragsreisen in Europa, den USA und dem Nahen Osten. Gastprofessuren in Göteborg und Bonn. Seit 1968 Universitätsprofessor für Theoretische Physik an der Universität Wien.

KARL POPPER, 1902–1994, Philosoph und Wissenschaftstheoretiker. Studium der Mathematik und Physik in Wien 1928 Promotion zum Dr. phil. 1937–1945 Senior Lecturer an der University of New Zealand, lebte ab 1945 in London, 1949–1969 Professor für Logik und Wissenschaftstheorie an der London School of Economics. 1969 Emeritierung. Sir Karl Popper war mehrfacher Ehrendoktor und Träger hoher Auszeichnungen, zuletzt der Otto-Hahn-Friedensmedaille der Vereinten Nationen.

KONRAD LORENZ, 1903–1989, Mitbegründer der vergleichenden Verhaltensforschung, Nobelpreisträger für Physiologie 1973 für die Entdeckung der Prägung an der Graugans. Ab 1940 Universitätsprofessor für Humanpsychologie in Königsberg, 1948–1950 Leiter des Instituts für vergleichende Verhaltensphysiologie auf seinem Gut in Altenberg bei Wien, 1954–1973 Direktor des Max-Planck-Instituts für Verhaltensforschung in Seewiesen (Deutschland), ab 1973 Leiter der Abteilung für Tiersoziologie am Institut für vergleichende Verhaltensforschung der Österreichischen Akademie der Wissenschaften.

BERNULF KANITSCHEIDER, geboren 1939. Promotion 1964 über „Das Problem des Bewusstseins". 1970 Habilitation für Philosophie an der Universität Innsbruck. Seit 1974 Professor für Philosophie der Naturwissenschaft am Zentrum für Philosophie und Grundlagen der Wissenschaft der Justus-Liebig-Universität Gießen.

CHRISTIANE THURN, geboren 1943 in Marseille, Studium der französischen Literaturwissenschaften, sieben Jahre Gastdozentin in der Schweiz, Schriftstellerin unter dem Namen Christiane Singer, veröffentlichte bisher 13 Romane und Essays. „Prix des Libraires" für den Roman „Der Tod zu Wien". Lebt seit ihrer Heirat als Gräfin Thurn-Valsassina im Schloss Rastenberg im Waldviertel. Viele Jahre Generalsekretärin des österreichischen PEN-Clubs.

Die Herausgeber

FRANZ KREUZER, geboren 1929, Journalist und Politiker. Ab 1947 Redakteur, 1961–1967 Chefredakteur der „Arbeiterzeitung". Ab 1967 Chefredakteur des aktuellen Dienstes des ORF. 1974–1978 Fernsehintendant (FS 2), 1984–1985 Informationsintendant des ORF. 1985–1987 Bundesminister für Gesundheit und Umweltschutz, seither freier Journalist.

REINHARD FINK, geboren 1955. Beginn des Studiums der Biologie in Graz; nach kurzer Zeit Studienwechsel zu Maschinenbau/Wirtschaft an der Technischen Universität in Graz mit Schwerpunkt Energie- und Umwelttechnik. Seit 1989 Direktor der Stadtwerke Hartberg, die unter seiner Leitung zu einem stark ökologisch orientierten Unternehmen entwickelt wurden. Einen Schwerpunkt dabei bildet das Projekt „Ökopark Hartberg".